# 食品産業のイノベーションモデル
―高付加価値化と収益化による地方創生―

金間大介 [編著]

創 成 社

# はしがき

　本書は，主に社会科学系の大学生・大学院生を想定読者として書かれたテキストである。食品産業を舞台としながら，イノベーション論の基礎知識や考え方も同時に修得できるよう構成した。

　イノベーション論を専門として研究していると，最も多く受ける質問はやはり「イノベーションって何？」である。普段，イノベーションを主題とした高校生や大学生，一般向けの講座などでは，必ず冒頭に次の方程式を使ってイノベーションの"定義"を説明する。

　　　イノベーション（Innovation）＝発明（Invention）×普及（Diffusion）

　もちろんこれとは別に学術的な定義は存在しており，それは第2章で詳しく解説する。上の方程式は，あくまでも一般向けとして，それまでイノベーションに馴染みのない人たちに対する，学習の導入として活用している。

　発明は，おそらくほとんどの人にとって生み出す機会はないものの，比較的わかりやすい事柄であろう。例を挙げれば，トーマス・エジソンの白熱電球やカール・ベンツの自動車のエンジン，最近では山中伸弥京都大学教授のiPS細胞の生成技術の開発など，枚挙に暇がない。

　一方，皮肉にも普及は多くの人が携わることである反面，そのプロセスを正確に把握することは難しい。したがって本書の主なターゲットも普及である。発明が広く社会に普及して初めてイノベーションとなる。しかし発明は往々にして使い勝手が悪かったり，コストが高かったり，そもそも人の役に立たないものもある。普及のプロセスには非常に多くの障壁が存在する。

　本書のもう1つのキーワードが食品・農産品である。
　ここ最近，大学の農学系学部への注目度が高まっている。志願者数も年々増えてきており，リクルート進学総研の調査によると，2007年度には5万人台

だったが，2013年度には7万人台に達している。

　それまで農学の分野で注目を集めがちだったのは，秀でた技能や経験を持つ職人的農家や，一代でブランド農産品を築きあげた若手生産者などであった。実際，このような世界に憧れて農学系学部を目指す人もいるが，最近の農学系学部で学べる内容はもっと多岐に渡る。例えば，作物や動物に関する生命科学，様々な栄養素と密接な関係にある微生物などを扱うバイオサイエンス，人体への影響を考慮した食の安全や健康に関する健康科学など，幅広い領域をカバーするようになった。そして，このような動向と比例するように，大手食品メーカーへの就職人気も上昇してきた。

　産学連携推進機構（2014）によると，工業の世界でもいわゆる職人的な「工芸品」と大量生産が可能な「工業製品」があるように，食品産業の世界でも，熟練した農家や料理人が作り出す「食芸品」と「食産業品」が存在する。日本では，匠に対する憧れや尊敬から「食芸品」に注目が集まりがちだが，パッケージに記載された成分表の通りに狂いなく製造し，全国へ届け続ける「食産業品」もまた，先に述べたような学術的知見に支えられた科学技術の結晶である。

　そしてその規模は，2009年の340兆円から2020年には680兆円に達する見込みである（農林水産省，2014）。これが世界の食品産業の市場規模である。この想像を絶する巨大な市場に，より良い食品を提供していくのが日本の食品産業のミッションの1つとなる。第1章で述べるように，日常的な食品の付加価値の向上は，そのまま人々の幸福につながる。およそ100年前にシュンペーターによって提唱されたイノベーション理論が，食品産業においてもさらなる進化を必要としている。本書がその一助となれば幸いである。

　2016年7月

金間大介

### 引用文献

　産学連携推進機構（2014）「医食農連携グランドデザイン策定調査報告書」
　農林水産省（2014）「日本食・食文化の海外普及について」

# 目　次

はしがき

## 第1章　背景と問題意識 ——————————— 1
1.1　イノベーション論×食品産業論 …………………… 1
1.2　本書の狙いと3つの目標 …………………………… 2
1.3　調査研究方法と本書の構成 ………………………… 12

## 第2章　イノベーション論の基礎知識 ————— 15
2.1　イノベーションの定義 ……………………………… 15
2.2　プロダクト・ライフサイクル ……………………… 16
2.3　イノベーションのジレンマ（破壊的イノベーション）……19
2.4　プロダクト・イノベーションとプロセス・イノベーション
　　 ……………………………………………………………21
2.5　コモディティ化とコモディティ・トラップ ………22
2.6　オープン・イノベーションとクローズド・イノベーション
　　 ……………………………………………………………23

## 第3章　日本の食品産業の現状分析 ——————— 27
3.1　日本の食に対する消費者行動の変遷 ………………27
3.2　大手食品メーカーの国際化と収益性 ………………43
3.3　地方と食料品製造業の関係 …………………………47
3.4　機能性表示食品制度の狙いと現状 …………………53

第4章　地方食品産業のイノベーションモデルの探求 ── 60
　4.1　データから見る食料品製造業の競争力：北海道の事例 …… 61
　4.2　高機能タマネギの開発と高収益ビジネスモデルの確立 …… 66
　4.3　川西産ナガイモの開発と高付加価値化 …………………… 74
　4.4　地方製粉会社による新品種開発とブランド化 …………… 82
　4.5　科学的エビデンスを追求した健康食品ビジネス ………… 96
　4.6　豆腐製造業の高付加価値化と主導権争い ………………… 103
　4.7　日本の醤油産業における差別化と地方醤油メーカーの
　　　 取り組み ……………………………………………………… 111
　4.8　地方菓子メーカーのブランド化 …………………………… 121
　4.9　住民参加型の食の臨床試験システムの構築 ……………… 128

第5章　何を学ぶべきか：海外の先行事例 ── 137
　5.1　オランダ・フードバレーの仕組みと日本への示唆 ……… 137
　5.2　先行する海外の地方食品ブランド ………………………… 147

第6章　考察：食品の高付加価値化と収益化 ── 158
　6.1　付加価値を高める …………………………………………… 158
　6.2　付加価値を収益に変える …………………………………… 165

第7章　おわりに：TPP大筋合意を受けて ── 174

引用文献　179

# 第1章
# 背景と問題意識

金間大介

## 1.1　イノベーション論×食品産業論

　本書は，イノベーション論の中で培われた知見を通して，食品産業の競争力に関する分析を行うものである。イノベーション論（類似する学問体系として，テクノロジー・マネジメント論（MOT），技術経営論などがあるが，ここではそれらをまとめてイノベーション論とする）は，課題発見・解決型の分野として発展してきた経緯がある。自然科学の各分野と経営・経済学の分野の境界に位置づけられ，政策論や知財マネジメント論，法律論なども加えながら，総合的に国や地域のイノベーションシステム，あるいは企業におけるイノベーションモデルを確立しようという分野である。この過程において，次章で学習するようなさまざまな理論が確立されてきた。これらの理論は，産業や業界の別に関係なく，共通して適用される学術的知見である。

　その一方で，課題発見・解決型の分野における宿命として，研究対象とする産業によって異なる事象が浮上することがしばしばある。そこで，まずはその産業に対象を絞った上でより深く正確に課題の所在やその解決法を記述しようと試みる。これまでのイノベーション論では，自動車，電気，ICT，医薬品，化学等の産業を主な対象として研究が進められてきた。先に，次章で見る基礎理論は産業間で共通であると述べたが，実際はこれらの主だった産業のうちの1つあるいはいくつかを詳細に研究することで導出されたものである。つまり，

イノベーション論を学習するには，やはり具体的な産業論をベースとした方が効果的であるといえる。

しかしながら，食や農の分野はまだまだ実証，理論の両面で知見が乏しい。そこで本書では，このギャップを埋めるべく，また食品産業のステージ・アップに資する知見を提供すべく，技術経営・イノベーション論を専門とする編者に，農業経営，栄養学，食品開発，消費者行動，マーケティング等の専門家を交え，学際的にアプローチした。これが本書のオリジナリティの1つである。イノベーション論の分野において食品産業を扱うことは新たな挑戦であり，これまでの食品産業論や農業経営論にはなかった知見を同分野に取り込むことで，新たな視点による知見の蓄積を試みる。

## 1.2　本書の狙いと3つの目標

### 1.2.1　食と農への期待

日本における今後の成長産業として今，食と農の分野が期待を集めている。2013年6月に閣議決定した「日本再興戦略」では，日本の食と農の産業の国際競争力を高め，一大輸出産業として開花させるという大きな展望が示された。さらに，2014年6月の改訂版では，新たに2030年に食品の輸出額5兆円の実現を目指す目標が掲げられている。これは同時に，地方経済の再興や雇用の創出など，現在地方が直面している課題の解決の一助となることも期待されている。

このような食と農に対する期待や展望の背景には，次の2つの認識が存在している。1つ目は，世界の食料需要の増加である。世界的な人口増加や新興国における所得水準の向上により，付加価値の高い農産物や加工食品の需要は確実に増加すると見込まれている。この巨大市場の拡大を日本の食品産業に取り込むことで，日本経済の成長を加速させたいという思いがある。

2つ目は，日本の食と農の国際競争力にはまだ多くの伸びしろが存在するという認識である。日本は安全で高品質な食品素材を提供する基盤を有している

一方，産業としてとらえた場合には規模や付加価値の面でさらなる上積みが期待できるといわれている。特に食と農の産業は地方経済と直結しているため，地方創生の起爆剤としての期待が高まっている。

　このほかにも食と農の分野は，教育，ビジネス，研究開発，政策，まちづくりなど，さまざまな領域から一斉に注目と期待を集めている。

　ただし，このような大きな期待とは裏腹に，現状は厳しさを増している。

　2000年代に入り，日本の食品市場は緩やかな減少傾向にある。2001年と比較して，2013年の家計の最終消費支出はおおよそ2％減少した。これを目的別で見てみると，保健・医療は10～20％の大幅な増加を示す一方，食料・飲料等の支出は10％ほど減少している。これは規模でいうと，約5兆円の縮小である。食品に関する国内市場では，限られたパイの奪い合いが必至の構造となっている。

　当然，食品関連産業の収益は厳しい状態が続いている。農林水産省「食品企業財務動向調査」によると，営業利益率は2～4％台と低く，改善の兆しは見えない。長いデフレ下における大手流通業の台頭により，小売のバイイング・パワーが増す一方，原材料供給業者や製造業者などの価格請求力が低下し，このことが地域経済を圧迫する一因となっている。さらに近年では，流通業のプライベート・ブランド化が進み，多くの消費者がこれら低価格商品を選択することで，ますます値下げ圧力が高まるとともに，地域企業の販売力が低下するという構造となっている。つまり，産業自体がみずから縮小方向に向かっている。

　ただし，食と農の分野を国内の市場のみで議論しなければならない理由はない。地球規模で見たとき，逆に食品の市場は急速な拡大が見込まれる。特に人口の多い発展途上国における富裕層の増加により，日本企業がターゲットとする高価格帯の食品市場も拡大傾向にある。

　これまで食料品製造業はほかの製造業に比べ国際化が遅れてきた。逆にいえば，その分国際化を強化する余地が残されているといえる。このポテンシャルの大きさが，先に述べた食と農の分野が注目を集める大きな要因となっている。

のちにあらためて詳述するが，食料品製造業はほかの製造業に比べ地方に分散している傾向にある。また，一企業当たりの規模もほかの製造業に比べ小さい。原材料の産地に近いところで加工することがさまざまな点においてメリットとなることが第一の理由であるが，穀物をはじめ多くの品目を輸入に頼る日本では，地方に存在する食品の製造拠点を海外に奪われるリスクも残しているといえる。

　それでは，地方に立地する食料品製造業の競争力はどのようになっているのかというと，これものちに示す通り，数値を見る限り，収益的に存続がギリギリの状態と思える企業も少なくない。

　以上を踏まえて，本書は主に地方に拠点を置く食品企業のイノベーションモデルの探求を目的とする。そのアプローチとして，企業や地域が保有するコア・リソースを活用し成功を収めた企業や，現在進行形で奮闘を続けている企業や団体をケースとして取り上げ，そこにある共通項を探っていく。対象としたコア・リソースは，農産物，原材料や素材，天然化合物，製造技術など多岐にわたる。本書で扱うイノベーションモデルとは，何らかのコア・リソースを開発し，それをベースとして事業を展開する仕組みを指す。発見や発明の過程を射程に入れつつも，その後の普及や収益の確保により大きな課題があると考え，コア・リソースをしっかりと収益に結びつけるところまでを議論する。また，これまでのイノベーション研究で培われたさまざまな知見を活用し，理論的知見の精緻化も同時に行う。

　昨今では誤解される例は減少してきたものの，それでもいまだにイノベーションを何らかの発見や発明と同義のようにとらえてしまうことが散見される。イノベーションとは，社会的・経済的に一定のインパクトをもたらすことを指すため，単なる発見や発明だけではイノベーションが実現したとはいわない。むしろ，その後の普及や収益の確保の方に戦略的な難しさが内在している。本書でも，コア・リソースの価値を高め，しっかりと収益に結びつけるところまでを射程に入れる。

## 1.2.2　本書の3つの目標

　本書ではコア・リソースの高付加価値化とその収益化を実現するためのモデルを確立することで，次の3つの目標：「病気の予防と健康寿命の延伸」，「地方経済の活性化」，「幸福な食生活」の実現を目指す。

### 1　病気の予防と健康寿命の延伸

　一世帯当たり家計支出に占める保険・医療費が伸び続けていることはすでに述べた。これを高齢化によるやむを得ない外的要因ととらえるか，それとも自分たちの意思決定によりコントロールすることが可能な内的要因としてとらえるかで，問題の見方は大きく異なる。実際にこれを内的要因とみなし対処しようという動きは，医療費の増加による国家財政の圧迫に端を発する。2014年度の一般会計に占める社会保障関係費の総計は，史上初めて30兆円を突破した。このうち，医療，介護，福祉等関係費だけでも18兆円を超える。この30兆円という数字は，わずか24年前の1990年度には11.5兆円だったことからも，その急増ぶりがうかがえる。そこで，そもそも病気にならないようにするという「治療から予防へ」という概念が浮上するのは当然の帰結といえる。

　一方，一世帯当たり家計支出に占める食費割合は減り続けている（図表1-1）。東洋医学には「医食同源」という言葉がある。本来，食は医でもあったものが，いつの間にかこうして食費割合が削られ，治療に多くのお金が使われるようになった。これは西洋医学的な治療技術の進展によるところも大きい。実際，さまざまな治療技術の開発によって，これまで治すことが不可能だった病気も治療可能となるケースが増えている。

　そして，ようやく今，さまざまな食品や農産品における健康影響が西洋医学的にも解明されつつある。食品や農産品にはどのような物質が含まれ，どのような効果をもたらすのか，科学的なアプローチにより実証が盛んに行われるようになったためである。ようやくこれらを実現する土壌が整いつつある。

　そこで本書の特徴として，食と農の分野の中でも，機能性素材と呼ばれる食材にも注目した。機能性食材は，近年，急速に注目されるようになった新しい

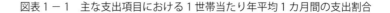

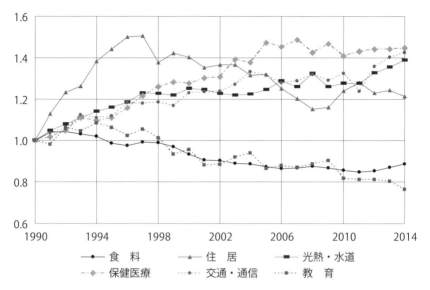

図表1−1　主な支出項目における1世帯当たり年平均1カ月間の支出割合

出所：総務省統計局「家計調査」より。

産業分野の1つといっても過言ではない。一般に高齢化が進むにつれ，食に対するこだわりは量から質へと転換される。質としてとらえられるものの中には，味，見た目などが含まれるが，その中でも機能性成分に対する興味関心が高まりを見せている。身体に良いものを食べたいというニーズは当然のものであるが，少しでも健康であり続けたい，いつまでも美味しいものを食べ続けたい，外見を健康的に若々しく保ちたい，といった欲求が機能性成分への関心を高めている。

　ただし，サプリメントなどの製品を除き，この機能性食材のイノベーションモデルはほとんど確立されていないといえる。近年では，特定保健用食品の制度などが設立された環境の中で，各社手さぐりのビジネスが続いている。いわば玉石混淆の状態といえる。残念ながら中小企業が単独で独自のモデルを確立し，収益化と研究開発の再投資のサイクルを構築することは容易ではない。本

書では，科学的に健康影響が検証された食材を機能性食材と呼び，食事をすることで病気を予防するという，いわば理想的な状態の実現を第一の目標とする。

なお，食品産業の分野では，一般的に"機能性素材"とも呼ばれるが，この言葉は化学や材料など，ほかの製造業の分野でも頻繁に使われるため，あえて食品産業の中での一般的な用法を避けて"機能性食材"という用語を用いる。

## 2 地方経済の活性化

1つ目の目標とはその指向は大きく異なるが，これもまた現在の日本にとって極めて重要なミッションである。なぜ今，地方創生なのか，という点についてはすでに政府や多くの識者がデータや議論を公表しているので，ここで詳しく論じることはしない。ここで論じたいことは，食品産業の発展は地方経済の活性化に直結するという点である。この点はあらためて後章で複数のデータを交えながら論じる。政府は「総人口1億人維持」や「出生率1.8以上」を目標として標榜しているものの，仮にこれらが実現できたとしても直近の数十年間は大きく人口が減り続ける。特にすでに高齢化が進んだ地方では，今後一気に人口が減少する可能性も指摘されている。

日本の食料品製造業は，古くから国民の食を支える内需型産業としての特徴があった。食料品製造業の事業所は，農産物・水産物のとれる地域には必ず存在し，製造業の中で最大の事業所数となる5万2千カ所存在し，関東，近畿などの都市圏から離れた北海道，鹿児島県，沖縄県においては，食料品製造業の出荷額が全製造業出荷額の30〜40％，雇用面では全製造業の従業者の40〜50％を占めている。中小企業の割合が全体の99％と他産業と比較すると高いことも特徴として挙げられる。

新井（2012）は，国内食品市場の展望を図表1−2のようにまとめている。「高齢化」，「単身世帯の増加」，「所得の二極化」，「人口減少」という4つのキーワードを挙げ，これらのトレンドが食品市場にどのような影響をもたらすのかを端的に表している。地域の食品関連産業としては，これらの変化によってどのよ

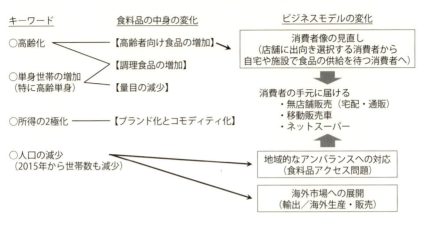

図表1－2　国内の食品市場の展望

出所：新井（2012）より。

うにビジネスモデルを変化させるべきか，という点が最も重要になる。食料品製造業の競争力を強化させるためにも，消費者の嗜好の変化やビジネスモデルの変化はしっかりと踏まえる必要がある。

　先ほど述べたように，国内の食品市場は21世紀に入り全体的に縮小傾向にある。これは実際に人口が減り始める前から見られるトレンドであり，かつ人口が減少する速度よりも早い。つまり，業界でよくいわれるような「胃袋の数が減ったから市場が減った」という論理は適当ではない。また，高齢化に伴い「胃袋の大きさが変わった（小さくなった）」という論理も耳にするが，これにも疑問が残る。

　図表1－3は各世代におけるエンゲル係数を表している。これを見ると，世帯主の年齢が上がるにつれて家計に占める食料支出割合は大きくなっている。世帯主が仕事から引退することによって総収入が減少するため，その分食料支出割合が上がる，というロジックは理解できる。しかし，同図表に示したように，食料支出額を見ても，70歳以上では29歳以下に比べ年間で約26万円も高く，30代と比較しても約18万円も高い。つまり，「高齢化に伴う胃袋の縮小」

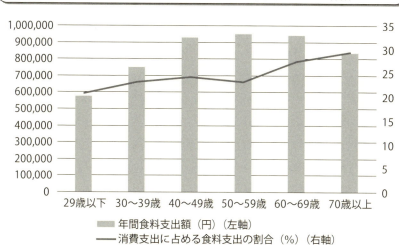

図表1-3 世帯主の年間年齢階層別食料支出額とエンゲル係数

出所：新井（2012）より。

という論理も現状では否定されそうだ。正確には，年齢が上がるにつれて質の高い（高価格の）食品を消費していると思われる。

　生産と消費が同時になされるというサービスの本質を踏まえると，やはり人口減少が進む地方では，爆発的な外国人観光客の増加でも見込めるような地域は別として，域内のサービス業を原動力とした経済成長は難しい。近年，多くの歴史的・文化的資産の世界遺産登録が進んでいるが，それでもなお，すべての地方が京都や富良野のように人口の何倍もの人を呼び寄せ，内需喚起することは不可能である。

　一方で，食品や農産品は海外を含む大消費地へ届けることができる。そこで狙うべきは，食と農による外需の取り込みとその収益化である。現在，地方の各農家は非常に厳しい経営を迫られているという報道がなされる。しかしその一方，一部の地域の野菜農家や畜産農家では大きな収益を上げているところも存在する。このようにチャンスは皆無ではない。

　また，前節の病気の予防と健康寿命の延伸を地方経済が担う可能性が見え始

めている。これまで保険医療に関わる社会的価値は一定の経済負担を必要としていた。これは現在でも同様で，増大する保険医療を誰がどう負担するかという議論は続いている。しかし，食品はこのトレードオフの状況を解消させるポテンシャルを秘めている。例えば第4章で取り上げる高機能性タマネギが，抗酸化作用や動脈硬化の抑制効果を発揮し，かつ産地である北海道栗山町に大きな経済的インパクトをもたらしている。地方発の新しい農産物や食品が健康増進と医療費抑制を実現する可能性が高まっている。

### 3 幸福な食生活

　言うまでもなく，人によって幸福と感じる要素は異なる。衣食住の一角を担う食においても年々多様化が進んでいる。正確にいえば，戦後の日本では食の選択肢が限られていたため，一様であらざるを得なかった。その後，経済力の向上とともに，徐々にさまざまな食品や農産品を口にするようになった。これらを「贅沢品」あるいは「豊かな食生活」と呼んだ。図表1－4からわかるように，現在はかつてに比べて多様な食品を口にすることが可能となっている。それに伴って，1人当たりの供給熱量（カロリー）も上昇した。

　しかし1996年の2,670kcalをピークに，直近においてはこの傾向に歯止めがかかり，1人当たりの供給熱量は減少に転じている。これはどう解釈されるべきだろうか。ダイエットブーム，健康食ブーム，さらに2015年にはファスティング（断食）ブームが到来したともいわれている。これらの例のように人がみずからの意志によって低カロリー化を志向し始めたことが大きな要因といえるだろう。もちろん経済力の低迷による節食化も考えられる。

　ただし，よく語られるこのデータには注意を要する。「日本人は1日におおよそ2,500kcalを消費している」という解釈も正しくない。図表1－5には1人当たりの平均摂取熱量の推移も示している。日本人は1971年の2,287kcalをピークに，一貫して1日当たりの摂取熱量を減少させている。したがって，一見してわかるように，両グラフのギャップは拡大傾向にある。つまり，廃棄される食料が増加している。

図表1-4　主要食料の1人当たり年間供給量

単位：kg

|  | 昭和10年(1935) | 昭和21年(1946) | 昭和35年(1960) | 昭和55年(1980) | 平成12年(2000) | 平成21年(2009) |
|---|---|---|---|---|---|---|
| 米 | 126 | 93 | 115 | 79 | 65 | 59 |
| 小麦 | 11 | 15 | 26 | 32 | 33 | 32 |
| いも類 | 28 | 61 | 32 | 17 | 21 | 18 |
| 野菜 | 75 | 55 | 100 | 112 | 102 | 92 |
| 果物 | 22 | 7 | 22 | 39 | 42 | 39 |
| 魚介類 | 14 | 9 | 28 | 35 | 37 | 30 |
| 肉類 | 2 | 1 | 5 | 23 | 29 | 29 |
| 鶏卵 | 2 | 0 | 5 | 15 | 17 | 17 |
| 牛乳・乳製品 | 3 | 2 | 22 | 62 | 94 | 85 |
| 砂糖類 | 13 | 1 | 15 | 23 | 20 | 19 |
| 油脂類 | 1 | 0 | 4 | 14 | 15 | 13 |
| みそ |  |  | 9 | 6 | 4 | 4 |
| しょうゆ |  |  | 14 | 11 | 8 | 7 |

出所：農林水産省「食料需給表」より。

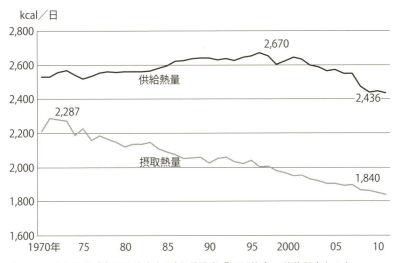

図表1-5　国民1人当たり摂取熱量・供給熱量の推移

出所：農林水産省「食料需給表」，厚生労働省「国民健康・栄養調査」より。

今後，これらのグラフはどのように推移するのだろうか？ この40年間，単調減少傾向を示してきた摂取熱量であるが，1日当たり最低限必要なカロリーを考慮すると，今後もこのまま減り続けるとは考えにくく，緩やかに減少した後，あるラインで漸近すると思われる。

一方，供給熱量はどうだろうか。先述の通り，健康志向の高まりによる低カロリー化は今後も当分続くだろう。さらに，幸福感という視点からも供給熱量は抑えられていくと考えられる。飽食の時代に突入して久しいが，すでに多くの現役世代の人々は食べきれないほどの食品をテーブルに並べることを幸せだとは感じなくなった。むしろ適量であることにより"正しさ"を感じる。このような感性の変化はさらに供給熱量を抑える方向に働く可能性がある。

我々が追求したいのは新たな食の幸福感である。本書の執筆段階において，さまざまな立場の人にインタビューしたり，議論した結果，食の幸福感は状況やシーンによって大きく異なることがわかってきた。ひとりでいるとき，子供といるとき，友人といるとき，上司，同僚，先輩，後輩といるとき，そしてお祝いや特別なとき。食からもたらされる幸福感は実に多様であり，そのことはつまり，食品が持つ価値も我々が思っている以上に多様であることを示している。食が持つ価値の多様性については，あらためて後章で客観的にとらえてみたい。

## 1.3 調査研究方法と本書の構成

ここで本研究で実施してきた手順と本書の構成を述べる。

まずは，食品産業の議論に入る前にイノベーション論の基礎知識を整理した。イノベーションという言葉はすでに広く社会に浸透しているものの，その概念はまだ正確に理解されているとは言い難い。その理由の1つとして，イノベーション論の取り扱う範囲が極めて多岐にわたることが挙げられる。すでにイノベーション論に関するさまざまなテキストが上市されているが，書かれている内容は大きく異なる場合も多い。そこで次章では，最も著名でイノベーシ

ョン論を学習するには不可欠と思われる理論を解説する。

　次に食料品製造業にまつわる背景の整理を行った。特に付加価値の側面から見た場合の近年の食料品製造業の現状や課題を洗い出した。また，国際化や地方における活動の実態にも触れる。本書では一貫して食の付加価値について考えていく。これらの内容は主に第3章で書かれる。

　次にケーススタディを行った。この部分が本書の中核的コンテンツとなる。ケースの対象企業や取り組みとして，一部の事例を除き，北海道を主な舞台とした。後にデータでも見るように，食と農の分野において，北海道は日本の中でも極めて重要な地域である。それは多くの農産品の出荷量が都道府県別で全国1位というだけではなく，それらを加工する製造業の割合も高いことによる。そして何より北海道の食料品製造業は原材料地に立地しているという地理的優位性を持ちながらも，低い付加価値に悩まされてきた歴史的経緯がある。実際に，第2章で見るようにお茶を連想させる静岡や，和食に対するブランドが定着している京都に比べ，はるかに1人当たりの食品の付加価値額は低くなっている。一言でいえば，「質より量」が定常化している状態である。このことは，一部の地域を除き多くの地方が直面している課題でもある。一方で，北海道内の一部の企業や自治体は，この状態を改善しようとさまざまな取り組みを蓄積してきた。そこで第4章ではそれらの例をケーススタディの要領で抽出し分析を行った。

　ただし，食料品製造業のイノベーションモデルにはまだベスト・プラクティスと呼べる事例が極めて少ない。例えば本書が注目する新たな付加価値の1つである機能性食材においても，最近，地方発の農産品の健康効果が次々と検証されているものの，まだそれらを事業の柱に据える取り組みは緒に就いたばかりといえる。

　本書は主に日本国内の地方における取り組みにフォーカスしているものの，海外における活動事例もまた無視するわけにはいかない。特に欧州では食に対するこだわりが強く，また食における古い伝統や文化が残されている。それらは現在において強固なブランドとして定着している。一方で，最先端の研究開

発も手を抜いてはいない。第5章で紹介するオランダのフードバレーは，いまや世界的な食と農のイノベーション拠点となっている。

　ケーススタディで得られた知見は，重層的に議論していく必要がある。我々が追求すべきイノベーションモデルは，農産物や素材，製造方法等の違いによってどのように異なるのか，最終的な収益化をどのように実現するのかといった視点にまで及ぶ。続く第6章では，食の付加価値を議論の軸に据え，これをどのように高め，そして収益に変えるのかを検討する。そもそも食の価値とは何なのか，それを収益に変える際に見落としている点はないのかといった視点から，あらためて食品ビジネスを見つめ直す。

# 第2章
# イノベーション論の基礎知識

金間大介

　本章では，いったん食品産業から離れ，イノベーション論に関する基礎知識を整理する。イノベーション論はまだまだ新しい学問であるが，それでもこれまでにいくつかの著名な理論が提唱されてきた。そこでここでは，これらの一部を時系列的に整理した上で簡潔に解説する。

## 2.1　イノベーションの定義

　イノベーション（Innovation）は，日本語でいう革新に当たる。ヨーゼフ・シュンペーターという経済学者が1912年の著書『経済発展の理論』でイノベーションという言葉を経済学用語として再定義したことに端を発する。その背景として，経済の発展は，経済の循環とは性質を異にするもので，そこには循環に見られる連続的な均衡状態はなく，非連続的・断絶的な様相を呈するとしている。そしてイノベーションは，新しいニーズが消費者側からわき起こるよりもむしろ，生産の側からニーズを創造するべきと主張した。

　また，ピーター・ドラッカーは，その著書「マネジメント論」の中で，企業の目的は，社会やコミュニティ，顧客のニーズを満足させることであり，究極的にはそれは「顧客の創造」であるとしている。そして「顧客の創造」を実現するには，マーケティングとイノベーションの2つの機能が必要であると考えた。

ただし，マーケティングとイノベーションは，マネジメントの中で相反する関係（トレード・オフ）になることがある。元来，マーケティングとは顧客志向が大前提であり，顧客の要望をあらゆる手段でキャッチし，それをもとに新たな顧客を創造する。一方，イノベーションとは，顧客に今までとは異なった価値を提供するものであり，その過程においては，あえて顧客からいったん離れる必要がある。このトレード・オフについては，破壊的イノベーションの解説の中で再び取り扱う。

さて，あらためてシュンペーターは，イノベーションは，新しい知識やアイデアを創出することのみならず，既存の知識やアイデアを組み合わせることによって実現可能だと主張した。これを知識の新結合と呼び，このことにより以下の5つのタイプのイノベーションが実現されるとしている。

- 新しい生産物または生産物の新しい品質の創出と実現
- 新しい生産方法の導入
- 新しい組織の創出
- 新しい販売市場の創出
- 新しい買いつけ先の開拓

ここで確認しておきたいのは，イノベーションとは新しい製品やサービスの創出のみを指すのではなく，それらの品質の向上や，それらの新しい生産方法の導入も含む。さらに，新製品・新サービスを開発し市場投入するための新しい組織の構築，新しい販売市場（買い手）の開拓，新しい供給者（売り手）の開拓も，イノベーションの定義に含まれる。

## 2.2 プロダクト・ライフサイクル

多く製品やサービスは，誕生してから衰退するまで，ある決まったサイクルをたどるといわれている。それがプロダクト・ライフサイクルである。プロダ

図表2－1　プロダクト・ライフサイクルにおける売上曲線（A）と利益曲線（B）

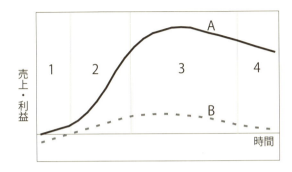

クト・ライフサイクルの理論にはいくつかの解釈があるが，ここでは最もわかりやすい4段階のサイクルを解説する。それが「導入期」，「成長期」，「成熟期」，「衰退期」である。

### 1 導入期
- 製品が市場に導入されて販売が開始された時点から，徐々に販売数が伸びていく期間
- 市場へ製品を導入することで多額の費用が発生するために利益はない，もしくはマイナスとなることが多い
- この期間に投入できる資金は有限であるため，なるべく早く次のステージ「成長期」へ移行すべく，事業者はさまざまな戦略を打つことになる
- 逆に多くのベンチャー企業はこの期間を脱出する前に資金切れを起こすリスクが高い

### 2 成長期
- 製品が市場で受け入れられ，大幅に利益が向上する期間
- 「導入期」から「成長期」への移行の目安として，利益がマイナスからプラスへ転じるタイミングが挙げられる

- ➤ 成長が有望視される魅力的な市場であるため，次々と競合他社が参入してくる
- ➤ そのため，同一市場内に多くのプレイヤーが入り乱れ，短いスパンでシェア等の様相は変化する
- ➤ 各プレイヤーが競合他社との差別化を図るため，オリジナルの製品を投入してくる

## 3 成熟期

- ➤ 製品が市場の潜在的購入者のほぼすべてに行き渡り，成長期での販売の伸びに比べて減速する期間
- ➤ 多様な製品が提供され続けた中，顧客から多くの支持を得た製品のみが生き残る
- ➤ そのため市場内の淘汰が進み，シェアも上位数社が占める
- ➤ 利益は安定的に得られるか，または価格競争の激化によって減少する
- ➤ 製品ごとの成熟期の長短がそのライフサイクル全体の長さを決める主要な要因となる
- ➤ そのため市場内で生き残った企業は，自社製品の延命を図るため，ブランドの確立や品質の向上に注力する
- ➤ いずれ衰退期に移行するため，既存製品が利益を挙げているうちに，次の製品の開発を進める

## 4 衰退期

- ➤ 製品の売上が減少していき，利益もそれに伴って減少する期間
- ➤ 製品に愛着を持つコアなファンが存在する場合，衰退期に入ってもすぐには消滅せず，長い製品生命をたどることになる

## 2.3 イノベーションのジレンマ（破壊的イノベーション）

イノベーションのジレンマとは，クレイトン・クリステンセンが書いた著書『イノベーションのジレンマ・技術革新が巨大企業を滅ぼすとき』（玉田俊平太（監修），伊豆原弓（翻訳））により広まった理論体系である。イノベーションという言葉や概念が今日のように広く浸透した発端となったのがこの理論と言えるだろう。

その主な概念は，次の①～③として整理される。

① イノベーションのジレンマに陥りやすいのは，世間から尊敬を集めるような優良・巨大企業である
② 社員が優秀で勤勉であるが故に，顧客が持つ潜在的な需要に盲目的になってしまう
③ 技術力やその他の指標において大きく劣るものの，そうであるが故に競争相手としてみなしていなかった新興企業が提供する，低質かつ安価な商品にその地位を奪われてしまう

このような現象が想起してしまう背景として，次のような点が挙げられる。

➢ 優れた企業ほど顧客のニーズに応えて従来製品・サービスの改良を進める
➢ イノベーションには既存製品の改良を進める持続的イノベーションと，既存製品の価値を破壊するかもしれないまったく新しい価値を生み出す破壊的イノベーションがある
➢ 優良企業は現在の顧客志向を重視するあまり，持続的イノベーションのプロセスを重視し，破壊的イノベーションを軽視する

このような背景があるために，優良企業の持続的イノベーションの成果は，ある段階で顧客のニーズを超えてしまう場合がある。このことは，製品やサービスを提供する側に立ち続けていると気づきにくいが，視点を反転して消費者

側に立って客観的に考えてみると，意外と顧客のニーズを超えた価値が付加されている製品やサービスが多いことに気づく。そしてニーズを超えた価値が付加されているということは，その分顧客が必要としない機能にまで対価を支払っていることを意味する。ここに破壊的イノベーションが起きる隙が生まれる。

市場において，このようなニーズの超越状態が見られるときは，破壊的イノベーションが起きる可能性が高まっているといえる。その結果，（市場を押さえている企業から見たら）突如現れた新興企業が，まったく異なる価値基準を搭載した製品やサービスを自分たちの顧客に提案し始める。そして一度この製品やサービスの価値が市場で広く認められると，優良企業の提供してきた従来製品の価値は消失していく。これを破壊的イノベーションと呼ぶ。つまり，顧客を大事にすればするほど，守りの姿勢に入り新興企業の破壊的イノベーションに駆逐されてしまう可能性が高まる。この状況がまさにジレンマと呼ばれる所以である。

破壊する側とされる側の例を挙げれば，枚挙に暇がない。古いところでは，人力車vs自動車（内燃機関）から始まり，クラシックピアノvs電子ピアノ，万年筆vsボールペン，ゲームセンターvs家庭用ゲーム機vsオンラインゲーム等々，身の回りには破壊的イノベーションの例は数多く存在する。これらはいずれもテクノロジーの進歩がもたらしたものだといえるだろう。

さらに破壊的イノベーションは，モノづくりの分野だけにとどまらない。サービスの分野でもまた破壊事例は多く存在する。従来の理髪店vs格安理髪店，音楽レコード・CDvs配信型音楽サービス，ホワイトカラー業務vs各種業務用ソフト（会計ソフト等），一般寿司店vs回転寿司店等々，いずれも従来のサービスが持っていた付加価値の多くをそぎ落として，コアなサービスのみに注力することで市場に侵入していることがわかる。

もちろん破壊される側も黙って見ている訳ではない。上に挙げた例のうち，破壊された側の製品やサービスの多くは，ある程度の市場を奪われながらも，引き続き一定の顧客の心を惹きつけている。このような製品やサービスは，持続的イノベーションを繰り返し高い価値を提供し続けることで，ボリューム層

を失いつつも市場における地位を確立している。

　また最近では，優良企業みずからが自分たちの市場を破壊するような製品やサービスを生み出すケースも出てきた。例えば，大手航空会社 vs 格安航空会社（LCC）がその例である。大手航空会社は価格を下げて LCC に対抗するのではなく，みずから LCC に出資する道を選んだ。低価格から高価格まで，多様なニーズに対応することで市場全体のさらなる成長が可能だという判断がそこにはある。

## 2.4　プロダクト・イノベーションとプロセス・イノベーション

　イノベーション論におけるもう1つのメジャーな分類に，プロダクト・イノベーションとプロセス・イノベーションがある。プロダクト・イノベーションは革新的な製品を市場に投入し，広く社会に浸透させることを指す。プロダクトとはまさに製品のことであるが，ここではサービスや農産品なども含む。プロダクト・イノベーションは一般的にわかりやすく，我々の生活を大きく変化させてきたといえる。

　プロセス・イノベーションは製品やサービスを生産する工程に革新的な方法を導入することである。ここでは，いわゆる製造工程はもちろんのこと，開発プロセスや物流プロセスなども含まれる。プロセス・イノベーションは我々の日常生活からは見えにくいが，品質の向上，コストの低下，エネルギー効率の向上，安全性の向上などに大きく貢献する。

　このようにプロダクト・イノベーションとプロセス・イノベーションは概念として明確に区分されるが，実際は同時に創出される場合が多い。例えばまったく新しい製品を作り出したとき，合わせて新しい生産方法が必要となる場合が多い。また，プロセス・イノベーションの実現には画期的な部品や材料が必要となるケースも散見される。

　なお，本書が着目している食料品製造業においては，革新的な商品を市場に投入するといったプロダクト・イノベーションよりも，原材料の節約や内容量

を変更するために従来の製造方法を見直すといったプロセス・イノベーションの方が活発に行われているとされる。ただし，革新的なプロダクト・イノベーションを生み出すのは極めて難しい反面，これらに成功すると大きな収益が見込めることもある。

## 2.5 コモディティ化とコモディティ・トラップ

コモディティ化とは，所定の製品やサービスのカテゴリーにおいて，品質や機能等の差別化特性がなくなったときに発生する。コモディティ（commodity）とは，もともと1次産品や日用品を指す言葉であるが，それが転じて，市場に流通している商品がメーカーごとの個性を失い，消費者にとってはどこのメーカーの品を購入しても大差ない状態のことを指すようになった。顧客からすると商品に違いを見出すことのできない，どの商品を買っても同じという状態のことである。コモディティ化は，BtoBあるいはBtoCのビジネスのどちらでも起こる。

一般に，品質や機能面での競争の結果，市場に存在するどの製品やサービスでも顧客ニーズを満たすようになる。逆にいえば，この段階で顧客ニーズを満たすことのできない製品は早々に市場から撤退するため，似たような製品が残る傾向にある。特に参入障壁が低く，安定した売上が期待できる市場において，コモディティ化が起こりやすいとされている。

こうなると，製品やサービスにおける本質的部分での差別化がますます困難となり，価格面で競争することになる。これがコモディティ化が起こったときの一般的な帰結である。つまりコモディティ化は，体力のない企業の市場からの撤退を余儀なくする。

さらに近年では，コモディティ化が極めて短いスパンで繰り返される現象が見られるようになった。そのようなループのことをコモディティ・トラップと呼ぶ。コモディティ化は，技術の発達や標準化の進展により引き起こされるが，近年はITの進歩により製品情報や模倣技術が瞬時に世界中に広まるため，グ

ローバル化が進んだ経済社会において，コモディティ・トラップの問題はより顕在化してきたといえる。

イノベーションからの収益は，最も早くそのイノベーションを実現した企業にもたらされる必要がある。そうでなければ，誰も大きなリスクを伴ってまでイノベーションを創出しようと努力をせず，またもしイノベーション活動が停滞してしまうと，経済全体の発展が阻害されてしまう。そのため，知的財産権は最も先に発明や創作をした人に，模倣品を排除するなどの強い権利を与えている。

したがって，コモディティ化は，このイノベーションによる経済発展モデルの大きな壁として立ちはだかっているということができる。なぜなら，せっかく努力してイノベーションを創出しても，すぐにコモディティ化し，十分な収益が得られる前にその地位が失われてしまうためである。しかもコモディティ化する時間は，どんどん短くなっているという調査結果が報告されており，コモディティ・トラップはイノベーターを疲弊させる現象となっている。

ただし，経営者もこのような現象に黙って身を任せるわけではない。周りの製品がコモディティ化していく中で，そこから一線を画した経営を行っている企業が存在する。その方法論の1つが模倣困難性や専有可能性を高めるということであり，本書第4章のケーススタディで詳しく扱う。

## 2.6 オープン・イノベーションとクローズド・イノベーション

オープン・イノベーションという概念は，ヘンリー・チェスブロウが2003年に同名の書籍を発行して以来，多くの経営者に知られる戦略となった。この中でチェスブロウは，かつて支配していたクローズド・イノベーションのモデルは終焉を迎え，よりオープン化されたモデルへと急速に変化していると主張した。近年では，さらに研究が進み，これらを組み合わせたオープン・クローズド・イノベーション，あるいはオープン＆クローズ・イノベーションといったモデルも登場している。

企業は市場で求められる製品やサービス，およびそれらの生産方法を生み出していく過程で，さまざまな問題に直面する。これを解決することがイノベーション・プロセスの中核である。そしてイノベーション・プロセスでは，社会に広く分布している知識を活用し，新たな知識を生み出していくことが必要である。有効な知識は，サプライヤー，ユーザ，大学，競合他社，異業種の企業など，あらゆる外部組織からもたらされる可能性がある。企業はこれらの知識の獲得，蓄積，利用を効果的に行う取り組みが求められる。

　このような流れから，オープン・イノベーションが高い注目を集めている。オープン・イノベーションとは，「知識の流入と流出を自社の目的にかなうように利用して社内イノベーションを加速するとともに，イノベーションの社外活用を促進し市場を拡大すること」と定義される（チェスブロウ，2008）。近年の技術の移転コストの低下がオープン化をさらに加速している。

　オープン化といってもすべてを公開するわけではない。その要諦は，今まで目を向けていなかった外の世界に大きな機会が潜んでいる，ということであり，引き続き競争力を保つ源泉となる秘匿情報（技術，ビジネスモデル，ノウハウなど）は存在する。外部組織と連携する際には，企業は何らかの方法で自社の技術や知識を守る必要がある。企業は，外部組織の知識を得たり，あるいは外部組織と連携するために，ある程度の自社の知識をオープンにしなければならない。その一方で，秘匿すべき技術や知識については，競合他社にコピーされるのを阻止する必要がある。ここに"オープン化のパラドクス"が存在する（Lausen and Salter, 2014）。そうすると次には，どこをオープンにし，どこをクローズドにするのか，という課題が浮上する。

　いまや，製品であれサービスであれ，たった1つの技術で利益を上げ続けることはほぼ不可能となっている。つまり，多くの事業が複数の技術を複合した合わせ技で成立している。そんなとき，どれを権利化して公開し，どれを秘匿にして守り抜くのか。あるいは，どこを無料（または低価格）にして顧客を誘導し，どこを有料にして収益確保を狙うのか。このような意思決定を行うことがまさにビジネスモデルの中枢であり，そのような意思決定1つで，自社の競

争力と収益は大きく異なるものになる。オープン・クローズド・イノベーションは今，多くのステークホルダーを巻き込んだ議論となっている。

　オープン化には大きく分けて2つの見方がある。1つは外部の技術や知識を社内へ取り込み，社内リソースとの結合を図る方法で，インバウンド型オープン・イノベーションと呼ばれる。インバウンド型の焦点としては，いかに効率的に外部知識を探索するか，いかに効果的に外部知識を社内に吸収するか，その際に必要な要件は何か，といった点が挙げられる。

　もう1つの類型がアウトバウンド型オープン・イノベーションである。社内にある技術や知識について，社内にとどめておくよりも外部へ普及させた方が価値が高まると判断した場合，企業は当該技術の売却，ライセンシング，無償公開などを選択する。このことによって何らかの利益を獲得する。

　Dahlander and Gann (2010) は，インバウンド，アウトバウンドという区分に，取引される技術や知識が有償か無償かというもう1つの軸を加え，2×2の構造で議論を展開している。無償でインバウンドがなされる場合を引用・調達 (Sourcing)，有償でインバウンドがなされる場合を獲得・買収 (Acquiring)，また無償×アウトバウンドを公開 (Revealing)，有償×アウトバウンドを売却 (Selling) と分類して，それぞれのメリット・デメリットを検討している。

　オープン化を考える上でキーとなる概念の1つにモジュール化がある。一般に，モジュール化とは，製品における構成要素を機能的に半自律可能なレベルまで分解し，各モジュール間の相互依存性を可能な限り小さくすることを意味する (Simon, 1996；藤本, 2002)。このことによって，技術や規格を固定化させるという制約が発生する代わりに，事後的な調整コストを低下させると同時に，各モジュールに強い自由度が与えられる (柳川, 2002)。これは新規参入を促すという意味において非常に重要な要素となる。新規参入の増加は，固定された企業グループでは生じなかった技術やアイデアが提供される可能性を増大させる。

　一方で，製品のモジュール化は利点ばかりではない。モジュール化された構成要素からなる製品のアーキテクチャ・デザインは，モジュール化されていな

い相互依存型の製品に比べ，はるかに難しい（Baldwin and Clark, 1997）。モジュール化された製品の設計者は，モジュールが全体として機能する明示的なデザイン・ルールを構築するのに，製品全体の内部作用に精通している必要がある。相互依存型の製品であれば，製品を作り上げる最中に継続的に構成要素ごとにすり合わせを行うことで，製品の機能的不具合を解消していくことができるが，モジュール化された製品を設計する場合は，このように事後的に発生する動作不良の問題を事前に考慮し解消しておかなければならない。

このようなモジュール化の特性を踏まえたとき，モジュール化とオープン化には密接な関係があることが想像できる。モジュール化は，モジュールに細分化された構成要素のアウトソースを一気に進めるからである。したがって，文書化した仕様に従って作られた製品であればどの企業でも参入可能であり，結果的により低価格で提供できる企業が勝ち残る。先に述べたコモディティ化のトリガーがここにある。なお，以上のように，すり合わせ型の設計を得意としてきた日本企業は，モジュール化を前提としたオープンな技術移転プロセスを効果的に活用できない可能性が指摘されている。

# 第3章
# 日本の食品産業の現状分析

## 3.1 日本の食に対する消費者行動の変遷

遠藤雄一

### 3.1.1 食に関する消費者意識

　昨今，消費支出に占める食費の割合が減少している。これをもって一般に食費は減少しているととらえる向きもあるがそれは正確ではない。いわゆる高度経済成長期，あるいはその後と比較して裁量所得の増加により，所得に対する食費の割合が減少したのである。

　総務省統計局「家計調査」より，図表3-1は「1世帯当たり年平均1か月間の支出－二人以上の世帯（農林漁家世帯を除く）」から世帯一人あたりの月平均食費を算出したグラフである。世帯当たりの食費は年々減少にあると指摘されているが，そもそも世帯人数も年々減少傾向にある。昭和38年では世帯人数が4.19人であるのに対し，平成26年には3.39人となっている。

　図表3-1からは昭和60年頃まで世帯一人あたりの食費は右肩上がりであることがわかる。それ以降食費の増加は見られないが，これは食生活の形態の変化と農産物輸入の増加によるものと考えられる。

　ここでいう食生活の形態とは「家庭内食」，「外食」，「中食」を指す。図表3-2に食料，調理食品および外食の実質年間支出金額指数を示す。昭和55年を100として，内食，外食，そして中食の支出変化の推移を表している。中食の消費が増加していることが確認される。

　次に昭和55年の外食産業の輸入冷凍野菜の使用率は63％であり，昭和60

図表3−1　世帯1人当たりの月平均食費の推移

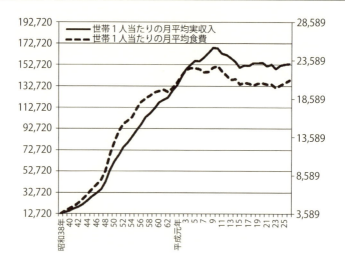

図表3−2　1人当たり実質消費支出の推移

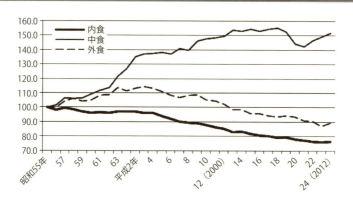

年には73％，平成9年には88％にまで拡大している。また2015年度調査において，中食産業の国産野菜の使用率は，半数の企業で6割未満であるという。図表3−2では「二人以上の世帯」を基にしたものであるが，単身世帯ではこれよりも外食および中食の占める割合は高くなる。輸入食材の割合が多い，外食，

中食が増加しているため，所得に対する食費の割合が減少したといえるだろう。

　平成27年に環太平洋パートナーシップ協定（Trans-Pacific Strategic Economic Partnership Agreement：TPP）が大筋合意したことも，今後の大きな変数となるだろう。TPPは2006年5月にシンガポール，ブルネイ，チリ，ニュージーランドの4カ国で始まった経済連携協定に端を発し，現状では日本を含めた12カ国で構成される。TPP参加国の国内総生産（GDP）の合計が，世界のGDPの40％になるといわれ，巨大な自由貿易のマーケットが誕生することになる。国内問題としては特に農業問題が以前から喧伝され，大きな反発を得ている。しかし，それと同時に十分に対応できるという指摘もあり，依然としてその影響ははっきりしない[1]。ただ，これまでの「地産地消」といった守りの農業では解決しないことだけははっきりしている。

　いずれにしても即時，あるいは期限付きにせよ，農業分野で400品目ほどの関税が撤廃されるのであるからその影響は大きいものがある。消費者の立場からいえば，食品に対する安全基準への対応である。2003年にBSE（牛海綿状脳症（狂牛病））から米国産牛肉の輸入停止が発生した。その際に米国の安全基準と日本の安全基準の違いを消費者に露呈した。日本の食品関係では賞味期限，消費期限が他国と比較して短く，食に対する安全性を非常に重視していることが理解できる。実際，安心を得るためには1割程度の割増価格を払ってもよいという調査結果があるように，日本人の食品への鮮度や安全性の関心は高いことが指摘されている[2]。

　近年の食の安全性に関わる動静としては，1980年代後半からポストハーベスト（収穫後農薬）の問題，1990年代以降からは遺伝子組み換え技術に対する不信があった。特に安全性や人体への影響が科学的に確認されたわけではなかったが，マスメディアを通して，食の安全性は大きな関心を集めた。

---

1）　山下一仁（2011）「自由貿易が日本農業を救う―「TPPで農業は壊滅」しない―」『農業と経済』2011年5月号。
2）　玉置悦子（2012）「食品安全性をめぐる消費者意識の実証研究」『総合政策論叢』第22号，57-83頁，島根県立大学 総合政策学会。

2000年に入ると，国内大手メーカーによる牛肉偽装，隠ぺい問題が相次いだ。輸入食品についてもBSEによる米国産牛肉の輸入停止，中国製冷凍餃子による中毒問題があった。米国産牛肉の輸入停止はそれが解除された後も，米国の検査体制への不信感を持つ消費者は少なくなかった。中国産については中国製冷凍餃子による中毒問題以降，現在も不信感は続いている。マクドナルドは仕入れ先である中国食肉加工会社の杜撰な管理により，いまだ顧客離れは続いている。

国あるいは企業の努力により，これらの問題の多くは収束したが，2000年以降は輸入食品の問題が際立っている。輸入食品については，食の安全性をどのように担保するかが課題であろう。国内産では近年の食の不祥事から「顔の見える食品」，「顔の見える野菜」などに関心が集まっている。

一般にいわれていることではあるが，輸入農産物および加工品を多く使用する大手食品メーカーはそれを担保できるかが今後の大きな課題である。今後増えるであろう海外大手食品メーカーとの価格差を"国内"メーカーであることによる安心・安全，そして信頼でカバーできるかが鍵である。また規模の経済性から大手食品メーカーとは異なる地方中小食品メーカーは地元食材を使用した「顔の見える食品」を製造できることに強みがある。今後は地元農家との連携，そして価格よりも質を追求した商品および販売チャネルの構築が課題である。大手食品メーカーと比較してネームバリューと潤沢な資金がない中で，開発した商品をどのようにブランド化し，マーケティングできるかが当面の課題であろう。

### 3.1.2　消費者の商品選択についての問題

国内では高度成長期以降，さまざまな商品カテゴリーにおいてバリエーションが増加している。女性向け，男性向け，若者向け，高齢者向けなど，食品であれば大衆向けの低価格なもの，こだわりのある人向け，塩分控えめなどである。食品スーパーで調味料の棚を思い出すといいだろう。さまざまな調味料が並んでいる。

恩蔵（1991）[3] によれば，80年代初頭から10年ほどの間に，キリン（株）のビールの種類はおよそ3倍，サッポロビール（株）では2倍に増加していたと指摘する。こうしたことはその他の食品においても同様だろう。90年代以降からはグローバル化の潮流から海外の商品も増大し，私たち消費者が目にするものは増加の一途である。

消費者が手にすることができる商品数の増加だけにとどまらない。それぞれの商品の性能や機能も高度化，複雑化しており，消費者が商品購入に必要な情報量や知識は非常に増大した。

ところで昨今では，機能性食品が関心を集めている。農産物でも機能性農産物が登場した。機能性食品と呼ばれるものには「特定保健用食品」，「機能性表示食品」，「栄養機能食品」がある。「特定保健用食品」が制度化されて20年が経過し，1,000品目を超えている。平成27年からはじまった「機能性表示食品」は約1年で300品目に到達した。

機能性食品は医学的見地からの効果や効能を謳ったものであるが，消費者自身がその効果や効能の信憑性を評価できるものではない。また食したからといって，即時にあきらかに確認できるものでもない。機能性食品の購入では国や企業の検査を信頼することに尽きるが，類似した効果や効能を明示する商品も数多くあり，合理的に特定商品を選択することは困難であるのが実態である。こうしたことが多くの努力と時間を費やしながらも，広く消費者に認知されない理由だろう。

広く消費者に認知されている，すなわちブランド化には図表3－3に示したような課題がある。当該商品が消費者に認知されているかどうか。認知されている場合，消費者が革新的な品質を持つ商品を理解しているのかどうか，競合商品との差異を感じているのかどうかである。革新的な品質を理解していなくとも，消費者が購入する場合はあるが，類似商品よりも高価格である場合はその革新性が消費者に周知されなければ難しい。本稿では冗長性の観点から耐久

---

3） 恩蔵直人（1991）「ブランド数の増加と製品開発」『早稲田商学』第344号，119-138頁。

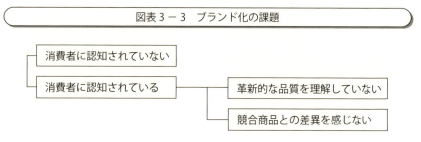

図表3－3　ブランド化の課題

性，性能，機能，サービス，原産地といった言葉を繰り返すことを避けるため，「品質」という言葉にまとめることにする。

「革新的な品質を理解していない」場合を機能性食品の先駆けとなったキシリトールガム[4]とヘルシア緑茶[5]を例に説明する。

キシリトールガムは1997年5月にロッテから発売された。以前はガムを噛むのは歯によくないと考えられていたが，キシリトールガムは「虫歯予防のためにガムを推奨する」という従来とはまったく異なる機能を前面に押し出した商品である。普及させる上で，ロッテは歯科医向けのPRや講演会に年間広告・宣伝費の半分を投入したという。またキシリトールの普及と啓蒙を目指す「日本・フィンランドむし歯予防協会」の設立にも関与している。歯科専用のキシリトールガムを全国約8,000件の歯科医院にも置いた。

キシリトールガムを発売した当初，キシリトールの効果を知る消費者はまったくいなかったといっても過言ではない。それどころかガムは歯によくない，虫歯を誘引するという先入観を持つ消費者がほとんどであった。従来の宣伝広告・販売方法ではそうした先入観の強い消費者ほど，ガムへの関心がなく広告を見ることはない，見たとしても疑念を感じたかもしれない。しかし，そうした先入観を持つ消費者にこそ，キシリトールガムを知ってもらいたかったはず

---

[4]　日経ビジネス「キシリトール入りガム　歯医者を味方に信頼集める」1997年12月22日・29日号，23頁。

[5]　日経ビジネス「特集 あなたの知らないヒット商品　流行の法則4　デフレ超える価値「チャネルの利」で売る」1997年12月22日・29日号，40-41頁。

だ。キシリトールガムはこれまでとは違った PR 方法，すなわち歯科医を通して浸透させることで消費者への周知に成功した。

次に初めて特定保健用食品に認定されたヘルシア緑茶は，2003年5月に発売され，当初はコンビニ限定で販売を開始した。そして多くのコンビニ店舗の棚の一番目立つ場所に陳列してもらった。食品スーパーでヘルシア緑茶を各種飲料メーカーの値引きされた緑茶と同様に陳列されていたら，消費者に今までの緑茶とは異なる商品と理解してもらうことは難しかっただろう。あるいはヘルシア緑茶も発売当初から値引き販売を余儀なくされていたかもしれない。定常的な値引きはブランド価値を棄損する。

ヘルシア緑茶は体脂肪を抑制するという効果・効能を持つ。キシリトールと同様に機能性食品であるヘルシア緑茶を消費者がほかの緑茶と異なるものと認知してもらう必要がある。よって，どのようにその品質を消費者に伝えるかが課題であった。キシリトールガムは歯科医のお墨付きを得ることによって，これまでのガムとは異なることを周知した。ヘルシア緑茶はコンビニ限定，目に付くところに専用の棚を設けてもらうことにより，消費者みずからに確認してもらうことに成功したといえるだろう。

革新的な品質であるため消費者が理解しにくいものは，いかにそれを周知するかが課題である。特に一般に関心のあまり高くない商品について，消費者は積極的に商品情報を収集しようとはしないものである。

「競合商品との差異を感じない」については，製品開発論でテーマになるコモディティ化から説明する。コモディティ化（commoditization）とは一般に模倣，同質化により，差別性が失われ，必然的に価格による商品選択が起きる状態を指す[6]。一般論ではあるが，メーカーは自社商品の弱みを補う努力をし，他社商品の良いところを取り入れようとする。結果として，競合するメーカー間で商品の差異が小さいものになってしまう。よってコモディティ化が避けられない。

---

6）コモディティ化については以下を参照のこと。
　青木幸弘編著（2011）『価値共創時代のブランド戦略：脱コモディティ化への挑戦』ミネルヴァ書房。

メーカー側が差異があると考えていても消費者が気にも留めない程度の機能や性能の違いを「異質的同質性」と呼ぶ[7]。メーカー側が商品に込めた差別化した意図を消費者が認知，あるいは認知したものを評価するとは限らない。消費者は類似すると考える情報には特段の関心を払わないものである。また多くの情報を与えられたとき，私たちがその1つひとつの情報の詳細にまで考えないことは経験的に理解できるだろう。

競合商品の増加や商品の高性能化，高機能・多機能化，ライフサイクルの短縮化が進んでいる。そのような環境下では，消費者はそれらに関する情報をすべて入手し，評価することは困難である。それに加えて，関心の低いカテゴリーではわざわざそれぞれの商品の詳細を知ろうとはしない。また，たとえ関心の高いカテゴリーであったとしても「豊富な選択肢を用意することで，選択することのストレスや負担から選択が難しくなる[8]」との指摘があるように情報の収集と評価に多くの時間が費やされ，心理的負担が大きいものがある[9]。私たちは意識的，無意識的に関わらず，情報をある程度に制限し，その中から妥協した上で商品選択をしている。

### 3.1.3 食のブランド化の検討

ブランド（銘柄）とは商品につけられる名称であったり，マークであったり，その商品を特定するものである。それが浸透し，多くの消費者から（購入するかしないかは別として）支持されることで，強力な意味を持つようになる。

ブランドの意義には同レベルの商品と比較して高い価格を支払ってもらえること，そしてクチコミによる伝播と購入欲求の増大（消費者ネットワークの強化と拡大）により消費者に広く認知されることといわれている。また繰り返し購

---

[7] Moon, Y. (2010) *Different: Escaping the Competitive Herd*, Drown Business.（北川知子訳『ビジネスで一番，大切なこと　消費者のこころを学ぶ授業』ダイヤモンド社）
[8] Iyengar, S (2010) *The Art of Choosing*, Twelve.（櫻井祐子訳（2010）『選択の科学』文藝春秋）
[9] 消費者行動研究において，商品選択の関心度合いについては関与（involvement）研究で議論されている。

入を期待できることもある。繰り返し購入してもらうためには競合商品と比較して，高い品質が求められる。宣伝・広告に莫大な資金を用いることで，消費者に広く周知し，一度は購入されることがあっても，品質が消費者の期待以上でなければ繰り返し購入には至らない。

　消費者が当該商品に対し，類似する商品よりも多く支払ってもよいと考える部分を価格プレミアムと呼ぶ。ファッションブランドにおいてはそれが顕著にみられることは周知のとおりである。

　ブランドといえる食品を考えてみる。畜産物では但馬牛，神戸牛，松阪牛，米沢牛，近江牛，飛騨牛などは，和牛の代表的なブランドである。多くの消費者が知っており，価格プレミアムが高いといえる。農産物では北海道の「十勝産」が広く認知されており，「十勝産小豆を使用」と加工食品に明記されているものも多い。九条ねぎなども有名なブランドである。海産物では関さば，大間マグロなどがあるだろう。このように一次産品については，その多くは産地がブランド名に付属している。昨今のトピックである「地域ブランド」と「食のブランド」が同義的に使用されるのはそうした側面があるからであろう。食に関しては，特に「原産地」が差別化の要素になっているようである。

　しかし，一部を除けば，「食」の多くは価格プレミアムが小さいか，あるいはほとんど見られないのではないか。有名店のスイーツ，旅行先のおみやげなどに価格プレミアムを見つけることができるものの，日常の食卓にあがる食品にはほとんどの場合見つけられない。「十勝産小豆を使用」と書かれていたからといって，大きな価格プレミアムの付いた商品を見つけることはできない。先に述べた環太平洋パートナーシップ協定（TPP）交渉では農産物に関心を集めたが，そうしたことが理由にあることは想像に難くない。高品質の農産物だからといって，海外産の類似商品より価格プレミアムの大きな商品では販売することが難しいことがわかる。輸入農産物に伍して価格プレミアムのある国内産農産物をどのように販売するかが今後の課題といえるだろう。

　先の項で説明した「革新的な品質を持つ商品を評価できるのかどうか，競合商品との差異を感じているのかどうか」は農産物においても必要な視点であ

る。少なくとも外見だけでは輸入農産物も国内産農産物も消費者にはほとんど違いがわからない。それでは国内産農産物，あるいは地域ブランド，新品種の品質をどのように周知すれば，輸入農産物あるいはほかの地域，他品種との知覚差異を感じてもらえるのか。品種改良や育成技術に関する研究者，そして生産者の努力だけでは，農産物を価格プレミアムのあるブランドに育てることはできないことはこれまでのブランド研究から理解される。

ところで消費者の商品，すなわちブランド選択には心理的な側面が多分にある[10]。特に価値プレミアムは大きくなるほど，その傾向が強くなる。

心理的側面には周囲から認められたいという自己顕示的なもの，そして自己顕示を目的としない自己の価値観や信念に基づくもののふたつがある。友人や知人と高級なレストランや料亭で食事をする，高級食材でホームパーティをするなどは前者の自己顕示的な側面が大きいと考えられる。また家族との日常生活における食事では後者であろう。価格が高くても国内産食材にこだわる消費者が求めていることは何かを理解することが必要である。

消費者は商品ごとに関心度合いが異なる。高い関心を持つものについては多くのことを調べたり，入手することに労苦をいとわない行動をしたりする。こうした行動を消費者行動研究では関与として研究されている。次の項では関与について述べることにする。

### 3.1.4 消費者の商品に対する関与

消費者がどのように商品に関与（involvement）するのか，また関与度合いはどの程度なのか，など，関与は消費者行動を規定する上で重要な要素となる。関与概念については社会心理学の援用であり[11]，これまで多くの研究で論点になっている[12]。

---

10) Keller. K. L. (1998) *Strategic Brand Management*, Prentice-Hall, Inc.（恩蔵直人・亀井昭宏訳（2000）『戦略的ブランド・マネジメント』東急エージェンシー）

11) Laaksonen, P. (1994) *Consumer Involvement: Concepts and Research*, London, Routledge.（池尾恭一・青木幸弘監訳（1998）『消費者関与―概念と調査』千倉書房）

関与とは非常に曖昧なものであり，消費者行動において関与概念は多種多様な定義がなされてきた[13]。本稿ではこれまでの研究から関与概念を宣伝広告や購入動機などによって喚起された消費者の状態の具合とする。本項では関与研究の中でも限定的な領域になる商品とそのカテゴリーの2つを取り上げたい[14)15)]。

消費者の商品への関与は当該商品（ブランド）に対するものや商品のカテゴリーに対するものといった重層的なものになる。しかし，重層的なものだからといって，ブランドに対する関与が高ければ，商品のカテゴリーの関与も高いというわけではない。例えば，「キッコーマン特選丸大豆しょうゆ」をいつも購入しているからといって，醤油全般（カテゴリー）に強く関心を持っているわけではないことは理解できるだろう。また同様に，カテゴリーに対する関与が高ければ，ブランドへの関与が高いわけではない。新商品が出るたびに移り気をする消費者もいる。

---

12) 関与概念についての主要な議論は以下の通りである。
   青木幸弘（1987）「関与概念と消費者情報処理―概念的枠組と研究課題（1）―」『商学論究』第35巻第1号，97-113頁。
   青木幸弘（1987）「関与概念と消費者情報処理―概念的枠組と研究課題（2）―」『商学論究』第36巻第1号，65-91頁。
   青木幸弘（1989）「消費者関与の概念的整理―階層性と多様性の問題を中心として―」『商学論究』第37巻第1・2・3・4合併号，119-138頁。
   小野晃典（1999）「消費者関与―多属性アプローチによる再吟味―」『三田商学研究』第41巻第6号，15-46頁。
13) 関与概念の多義性，多様性については以下の文献を参照のこと。
   小野晃典（1999）「消費者関与―多属性アプローチによる再吟味―」『三田商学研究』第41巻第6号，15-46頁。
14) 青木（1989）は消費者関与の最広義の概念として「対象や状況（ないし課題）といった諸要因によって活性化された消費者個人内の目標志向的な状態であり，消費者個人の価値体系の支配を受け，当該対象や状況（ないし課題）に関わる情報処理や意思決定の水準およびその内容を規定する状態変数」とする。
15) Traylorは以下で製品クラス（カテゴリー）と特定のブランドは別個の関与概念であるとしている。

食品についていえば、カテゴリーに対して関与度合いが低い消費者ほど、特定ブランドに対して高い関与を示していることが多いのかもしれない。醤油であれば「キッコーマン特選丸大豆しょうゆ」、マヨネーズであれば「キューピーマヨネーズ」、納豆であれば「おかめ納豆」などのメジャーなナショナルブランドの購入は、カテゴリーへの関与度合いが低い消費者によくあることのように思う。日常的に購入している食品はカテゴリーへの関与度合いとブランドへの関与度合いは相反している傾向が高いと考えられるのではないか。

それではカテゴリーに対して低関与なものは、ブランド・スイッチングは起こりにくいのだろうか。これについては変化のないことの退屈さからスイッチングが起こること[16]、また繰り返しによる飽きから気分転換（change of peace）を求めることからブランド・スイッチングがあると古くから指摘されている[17]。ある種の衝動的購入である。こうした行動を発生するものをバラエティ・シーキング的な商品あるいはカテゴリーと呼ぶ。

図表3－4に示すが、バラエティ・シーキングはそれぞれの違いを消費者が認識していることが前提である。違いを認識しているから「いつものものとは違うモノ」を選択しようと考えるのである。

消費者の購買は高関与、低関与によって、それぞれ異なる傾向を持つといわれている。バラエティ・シーキング的行動の発生には当該カテゴリーに対して

図表3－4　ブランド間差異と関与度合いによる購買類型

|  | 高関与 | 低関与 |
|---|---|---|
| ブランド間知覚差異あり | 複雑な購買行動 | バラエティ・シーキング的行動 |
| ブランド間知覚差異なし | 不協和低減的購買行動 | 習慣的購買行動 |

出所：Assael（1987），p.87[18]．

---

16) Howard, J. A. and J. N. Sheth (1969) *The Theory of Buyer Behavior*, John Wiley.
17) Faison, E. W. J. (1977) "Neglected Variety Drive: A Useful Concept for Consumer Behavior, *Journal of Consumer Research*, Vol.4, pp.172-175.
18) Assael, H. (1987) *Consumer behavior and marketing action*,: Kent Publishing.

心理的リスクが小さいこと，ブランド間の差異を消費者が理解しているとする。

さて「複雑な購買行動」はブランド間の特徴を認識しており，関与度合いが高いものである。この場合，価格だけではなく，これまでの経験や価値観などによってブランドを選択する。「不協和低減的購買行動」はそれぞれのブランドの特徴を理解できないため，なにを購入するのかを迷ってしまうものである。「習慣的購買行動」はブランドの特徴を理解できないものであり，当該消費者の関心が低いものである。そのため，必要に迫られて購入するようなものが多い。一般にはカテゴリー内で比較的価格が安く，いつも購入している，あるいは最もメジャーなものを選択する場合が多い。

毎日の食卓や日常生活に必要なものについては，多くの消費者は低関与の「バラエティ・シーキング的行動」，「習慣的購買行動」をとるものが多いと考えられる。そのため，ブランド化がしにくいカテゴリーともいえる。

ところで，先ごろ，一般に低関与のカテゴリーと考えられる「豆腐」で，男前豆腐店はブランド化に成功している。「男前豆腐（2003年）」，「風に吹かれて豆腐屋ジョニー（2004年）」を相次いでヒット商品とした[19]。奇抜な商品名とパッケージ，そしてスーパーでは100円前後で販売されている中，「風に吹かれて豆腐屋ジョニー」はおよそ300円程度の価格帯である。北海道産大豆，沖縄産のにがりを使用するなど，高品質で高いこだわりを持つ商品としたためであるが，ほかの豆腐と比較して，あきらかに高価格であったことも消費者の目にとどまった理由であろう。多くの消費者が「習慣的購買行動」であるカテゴリーについては，単に高品質であるといったことだけではなく知覚差異をつくることが必要であるという事例といえるだろう。

### 3.1.5 消費者のカテゴライズ

商品を選択するとき，消費者はそれぞれが持つ商品カテゴリーの中から選択する。カテゴリーとは個々の消費者が，これまでの経験や解釈（意味づけ）か

---

19) 日経ビジネス「売れ筋探偵団　あの「男前豆腐」がコンビニデビュー　奇抜なトーフに注文殺到」2006年5月15日号，24頁。

ら，購入に関わる情報の処理効率を高めるために，共通する特徴を持つ商品のグループとして認知しているものである。それは意識化されている場合もあるし，無意識化の中で行われる場合もある。

　例えばコンビニで飲み物を購入するときに，陳列されている清涼飲料水のすべてを購入対象とせず，念頭にあるいくつかの商品を候補として，その中から選択している。喉が渇き清涼飲料水を購入する場合に，どのような清涼飲料水を頭に浮かべるだろうか。ある人はいくつかのスポーツ飲料水を思い浮かべるかもしれない。またある人はいくつかの炭酸飲料水かもしれない。もしかするとA社のスポーツ飲料水，B社の緑茶，C社の炭酸飲料水のように，本人以外には「喉が渇いた」こととそれぞれの商品の関連づけが理解できないものもある。

　飲料水メーカーは「スポーツドリンク」，「茶系飲料」，「炭酸飲料」，「乳酸菌飲料」などのように，メーカーの都合上の分類をする。またそれをカテゴリーとして認識している。しかし，消費者は「喉が渇いたから…」，「勉強するから…」など，それぞれの場面に合わせてカテゴリー化している。喉が渇いたときに飲むものと，勉強するときに飲むものが異なる人は多いだろう。消費者はメーカー（あるいは生産者）があらかじめ規定したカテゴリーの中から選択をしているわけではない。したがって，カテゴリーと呼ぶとき，生産者側の視点と消費者側の視点のふたつの見方があることを知る必要がある。本項では消費者側の視点から見るカテゴリーの説明をする。

　繰り返しになるが，消費者が持つカテゴリーは，メーカー（あるいは生産者）が規定する既成の枠組みにとらわれることなく，個々の消費者が自由にカテゴリー化し，それに意味づけている。カテゴリーとは消費者の経験やそれぞれの持つ先入観，価値観に基づいて主体的に行われるものである。

　消費者の商品選択はそのカテゴリー内からの情報処理過程を経て，目的を達成できるだろうとするものを購入する行為である。当然のことながら存在を知らないものが購入されることはない。それに加えて，これまでの経験やクチコミなどにより嫌悪したメーカーや商品は購入されない可能性が高い。消費者のこうした商品に対する認知過程をブランド・カテゴライゼーションと呼ぶ。

図表3－5　Brisoux and Cheron の概念図

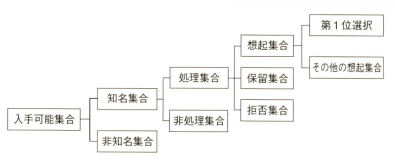

出所：Brisoux and Cheron (1990).

　図表3－5の Brisoux and Cheron (1990) の概念図をもとに消費者の認知過程を説明する[20]。購入可能な製品は知名集合（aware brands）と非知名集合（unaware brands）に分けられる。知名集合は記憶している商品と知覚した商品により分類される。非知名集合は存在を知らない商品群である。知名集合内から選択に影響する処理集合（processed brands）と選択対象外になる非処理集合（foggy brands）に分けられる。処理集合は選択される可能性のあるものだけではなく，過去の経験などから購入に否定的な商品も含まれる。購入に関する情報処理が行われる商品群である。非処理集合は購入に際して検討する必要のないものである。例えば，予算の範囲を明らかに超えているものなどがそれである。
　処理集合は想起集合（evoked brands），保留集合（hold brands），拒否集合（reject brands）の3つに分けられる。想起集合は選択候補となる商品群である。保留集合は選択候補にならなかった商品群であり，拒否集合は否定的な評価をした商品群である。
　想起集合の商品数についてだが，海外の研究は国内の研究よりも若干多いものの，これまでの研究ではおよそ2～8個程度[21]といわれている。調査の仕方やカテゴリーによって，想起される商品数は異なる。高関与，低関与の視点

---

20) Brisoux, J. E. and E. J. Cheron (1990) "Brand Categorization and Product Involvement", *Advance in Consumer Research*, Vol.17, pp.101-109.

からいえば，低関与のカテゴリーでは想起される商品数は少ないのではないだろうか。いずれにせよ消費者に想起されなければ，購入までには至らない。そのため，メーカーは消費者の想起集合に自社商品を組み込む努力が必要となる。

Aaker（2011）は新たなカテゴリーを創出することで独自のポジションが得られると述べている[22]。既存の消費者が持つカテゴリーを書き換えるよりも，新たなカテゴリーを消費者に提案した方が確固たるブランドになると指摘する。

例えば私たちはドライブを楽しんでいるときにコンビニエンスストアで100円のコーヒーを購入することもあれば，一流ホテルで1,000円のコーヒーを飲むこともある。これは味の違いというよりも，当該消費者の状況やそのときの場面によって，異なるカテゴリーであることを意味している。食に関するところでは，新たな食の提案もそのひとつといえる。ただし，その際にはこれまでに想定されていない状況や場面とセットにした食の提案にする必要があるだろう。

消費者が置かれている状況はさまざまに変化する。状況に応じて，購買行動も選択するブランドも変化することが指摘されている[23]。食品メーカーであれば，消費者がどのような場面や状況のときに，効用・効能を求めて，当該商品を選択したのか，あるいは競合商品を選択したのか。これらの理解によって，新たなカテゴリーを創出することが可能になるのではないだろうか。

---

21) 恩藏直人（1995）「ブランド・カテゴライゼーションの枠組み」『早稲田商学』第364号，183-199頁。
22) Aaker, D. A. (2011) Brand Relevance: Making Competitors Irrelevant, Jossey-Bass.（阿久津聡監訳，電通ブランド・クリエーション・センター訳（2011）『カテゴリー・イノベーション ブランド・レレバンスで戦わずして勝つ』日本経済新聞出版社）
23) Walker and Olson (1997) は「活性化された自己（activate self）」を提示する。Walker, B. A. and J. C. Olson (1997) "The Activated Self in Consumer Behavior: A Cognitive Structure Perspective," Research in Consumer Behavior, Vol.8, pp.135-171.

## 3.2 大手食品メーカーの国際化と収益性

金間大介

　これまで見たように，食品の国内市場は縮小傾向にある。2001年からの10年間だけでも4兆円近く減少した。ただしこれは日本に限ったことではなく，多くの先進国で今後浮上すると見られる傾向である。その結果，必然的に先進国の有力な食品メーカーは新興国市場に成長の活路を求めることになる。ただし，日本企業は欧米企業に比べて国外進出において遅れをとっていることは否めない。図表3－6は，日本における上場食料品製造業の海外売上高割合を示したものである。2011年時点では，全136社中海外売上高割合が10%を超える企業はわずか13社（9.6%）しかなかった。

　東條（2013）によると，日本の大手食品メーカーの多くが国外売上高比率10%未満である一方，欧米企業の大半は10%を超えており，中には50%を超える企業も少なくない。また，営業利益率を見ても，日本企業に比べて国外進出を果たしている欧米企業の方が総じて高い傾向にあると指摘している。世界の売り上げ上位50社に入っている企業の営業利益率の平均は，欧州企業で17%，米国企業で12%なのに対し，日本企業は4%にすぎない。

　また，細野・井上（2012）は，国外売上高比率の高い欧米企業は戦略的なM&Aを繰り返すことで，グローバル化と収益拡大を果たしてきたと報告して

図表3－6　日本における上場食料品製造業の海外売上高割合

| 海外売上高割合 | 企業数 | 全企業に占める割合 |
|---|---|---|
| 30%以上 | 3 | 2.2% |
| 20%以上30%未満 | 5 | 3.7% |
| 10%以上20%未満 | 5 | 3.7% |
| 10%未満 | 87 | 64.0% |
| 海外売上なし | 36 | 26.5% |
| 合　計 | 136 | 100% |

出所：細野・井上（2012）より。

いる。世界的な M&A はブランド力の向上にプラスに働くとともに，原材料調達力の向上にもつながる。日本企業はこの点においても出遅れていると指摘している。

なお，国外進出の動きは大企業に限った話ではない。各地の食料品製造業者は自治体と組んで，アジアや中東地域への売り込みを模索している。日本の各メーカーは今後，本腰を入れて国外進出を進める段階に入っている。ただし，食料品において売上額だけを追求するのはそう難しいことではない。食品は嗜好品等と違い，必ず一定の需要が存在する。相応の品質のものを廉価に提供すれば，おのずと売上は上がる。問題は，一定の品質を保つこと，安定した原材料を確保し続けること，そして十分な利益を上げることである。

図表3－7には，日本における食料品製造業の売上高トップ20を掲載した。最大の売上を誇っているのがキリンホールディングスならびに日本たばこ産業

図表3－7　日本における食料品製造業の売上高トップ20

| | 企業名 | 売上高（百万円） |
|---|---|---|
| 1 | キリンホールディングス株式会社 | 2,195,795 |
| 2 | 日本たばこ産業株式会社 | 2,153,970 |
| 3 | アサヒグループホールディングス株式会社 | 1,785,478 |
| 4 | サントリーホールディングス株式会社 | 1,257,280 |
| 5 | 日本ハム株式会社 | 1,212,802 |
| 6 | 明治ホールディングス株式会社 | 1,161,152 |
| 7 | 味の素株式会社 | 1,006,630 |
| 8 | 山崎製パン株式会社 | 995,011 |
| 9 | 森永乳業株式会社 | 594,834 |
| 10 | キユーピー株式会社 | 553,404 |
| 11 | 雪印メグミルク株式会社 | 549,816 |
| 12 | 株式会社ニチレイ | 545,266 |
| 13 | 株式会社日清製粉 | 526,144 |
| 14 | コカ・コーライーストジャパン株式会社 | 523,299 |
| 15 | サッポロホールディングス株式会社 | 518,740 |
| 16 | 伊藤ハム株式会社 | 481,130 |
| 17 | 日清食品ホールディングス株式会社 | 431,575 |
| 18 | 株式会社伊藤園 | 430,541 |
| 19 | コカ・コーラウエスト株式会社 | 424,406 |
| 20 | 東洋水産株式会社 | 381,259 |

で，2兆円を超える。ただしこれらの2社は，全産業の売上ランキングで見ると，第48位と50位にとどまる。また，世界的な食料品製造業を見てみると，ネスレ（スイス）が11兆円，ユニリーバ（英国／オランダ）が約9兆円，ペプシコ（米国）が約6兆円となっている。

なお，食料品製造業の研究開発費を見てみても，キリンホールディングスと日本たばこ産業が最も多く計上しており，それぞれ約600億円，約500億円となっている。これは売上高に占める割合で見ると2～3％で，製造業の中では高い方ではない。例えば，自動車では4～6％，電気・半導体でもやはり4～6％を計上している。最も高い売上高研究開発費率を計上しているのは医薬品産業で，武田薬品工業やアステラス製薬では18～20％である。

食料品製造業はほかの製造業に比べて地方に分散している傾向にある，いわゆる「分散型事業」である。このことは，逆に規模の優位性が低い産業ということもできる。そのことを表すのが図表3－8である。これは横軸に売上高を，縦軸にROAをとり，上場各企業のデータをプロットしたものである。また，

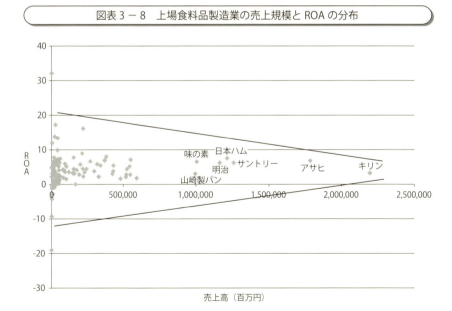

図表3－8　上場食料品製造業の売上規模とROAの分布

図表3-9 売上規模とROAの関係

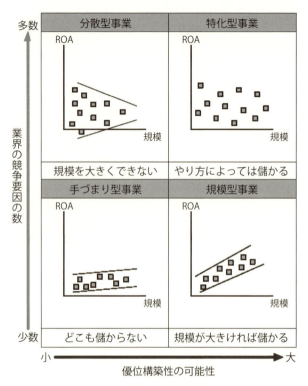

出所:みずほコーポレート銀行産業調査部(2010)より。

図表3-9はそのプロットを類型化したものである。多くの製造業では図表3-9の4つのパターンのうち,右下の「規模型事業」となる。大量生産によるスケールメリットが発生するためである。しかし食料品製造業は原材料の調達に限界があることや,生ものであるがゆえの地理的制約などから,ほかの製造業ほどスケールメリットを効かせにくい構造にある。いわゆる収穫逓減の法則が働いている。

このことは,国外の食料品製造業にとっても同じことで構造はまったく同じとなっている。ただし,国外の方が平均的にROAは高い傾向にある。つまり,

やや乱暴な言い方をすれば，食料品製造業は規模で勝負しない産業といえるだろう。

## 3.3 地方と食料品製造業の関係

金間大介

### 3.3.1 地域における食料品製造業の位置づけ

一般的によく知られる第1次産業，第2次産業，第3次産業という分類は，日本標準産業分類による。第1次産業とは，農業，林業，漁業を，第2次産業とは，鉱業および第1次産業の加工業，その他の一般製造業を，第3次産業とはそれ以外の産業である商業，電気・ガス・熱供給・水道業，運輸・通信業，サービス業などを指す。さらに日本標準産業分類によると，製造業には20の産業中分類がある。そのうちの1つが食料品であり，20分類の中では3番目の売上規模がある（図表3－10）。売上規模において製造業全体のおおよそ8.5%（約24兆円）を占める。そこで本節では，地方における食料品製造業の存

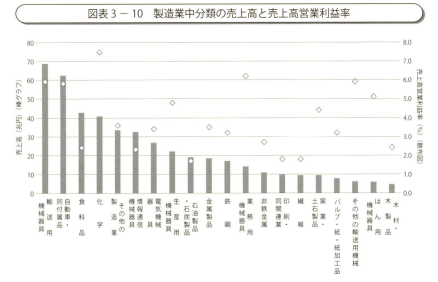

図表3－10 製造業中分類の売上高と売上高営業利益率

出所：経済産業省「工業統計調査」より。

図表3－11　製造業の売上高上位5分類の地域内売上高割合

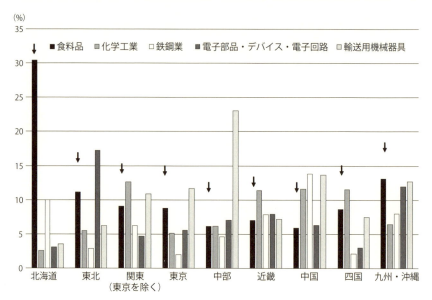

出所：経済産業省「工業統計調査」より。

在感を確認するため，各地域における全製造業の売上高のうちの食料品の割合を計算した。その結果を図表3－11に示す。

　食料品製造業はほかの業種と異なり，より地方に分散する傾向にある。製造業には原料立地型，消費立地型，臨海立地型，労働力立地型等があるが，食料品の場合は付加価値に占める原料のウエイトが高く，原料立地型が多くなるためである。なお，その他の製造業の多くは，原料やエネルギーの多くを輸入に頼る，あるいは製品を国外へ輸出するため，太平洋沿岸の臨海立地型が中心となってきた。

　図表3－11によると，例えば北海道では，北海道の製造業全体のうち30％以上を食料品が占めていることがわかる。また，九州・沖縄や東北でも食料品のウエイトは高い。つまり，結果として食料品の割合は東京や近畿などの大都市圏から離れるほど高くなっている。比較のための参考情報として，製造業の

売上高上位5分類（輸送用機械器具，化学工業，食料品，鉄鋼業，電子部品・デバイス・電子回路）について，同様に計算し掲載した。中部地域の輸送用機械器具や東北地域の電子部品・デバイス・電子回路など，一部で目立つ分類が存在する一方，あらためて地方経済における食料品の役割の大きさがわかる。

### 3.3.2　食料品製造業のパフォーマンス：付加価値の視点から

次に，このように地方に多く分散している食料品製造業のパフォーマンスを見てみよう。先に食料品製造業においては売上よりもどれだけ利益を上げられるかが重要であると述べた。その利益を高める上での1つの有力な方策として，製品の付加価値の向上がある。顧客から見て価値の高い商品はある程度価格が高くても購入されやすくなる。

本書では，工業統計調査のデータを使い，各地域の食料品製造業の付加価値額を算出した。付加価値額とは，外部から購入した原材料，部品，サービスをもとにして，企業の経済活動によって新しく生み出した価値のことで，少ないインプットでどれだけ大きなアウトプットを産出できるかを示す。計算方法としては，外部から受け入れた購入額（原料等）を企業の売上高（あるいは生産高等）から控除することで算出される（控除法）（図表3－12）。

図表3－13は各都道府県の食料品製造業における従業者4人以上の事業所数，従業者数，製造品出荷額，付加価値額，従業者1人当たり製造品出荷額，従業者1人当たり付加価値額（労働生産性），製造品出荷額当たりの付加価値額（付加価値率）を示している。まずここで着目したいのは，従業者1人当たり付加価値額（労働生産性）である。この値を地域ごとに比較してみると，大都市圏と地方圏で大きな開きがある。図表3－11で見たように，食料品製造業は地方に多いことがわかっている。しかしその一方で，地方ではこのように低い付加価値額に甘んじているのが現状となっている。例えば北海道では，従業者1人当たり製造品出荷額は大都市圏と同等水準にある一方，労働生産性は低い状態にとどまっている。つまり量は多く出荷しているものの付加価値には結びついていない状況となっている。

図表3－12　付加価値の計算方法

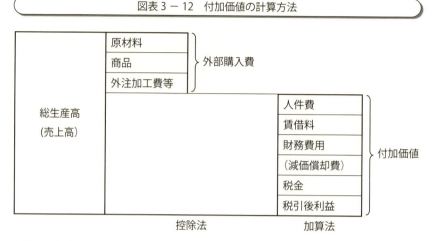

出所：乙政（2014）より。

　この背景として，製造品出荷額当たりの付加価値額（付加価値率）で表される数値の意味するところを考える必要がある。図表3－13を見ると，付加価値率は消費地である大都市圏から遠ざかるほど低くなっていることから，輸送距離が長いほど流通や保存などのコストがかかり，付加価値率を押し下げていると推測される。これを克服するためには，原料地に近いところでより加工度を高める方策を検討する必要がある。地方では，切断する，塩漬けにする，といったいわゆる一次加工にとどまっている例も少なくなく，さらに加工度を上げることで付加価値を向上させる戦略が求められる。このときに，他社に真似されないための対策が必要になる。この模倣対策とビジネスの専有可能性ついては次章のケーススタディでしっかりと学ぶ。

### 3.3.3　外需・内需の取り込みと企業誘致の評価

　本節の最後に，需要を取り込むための考え方と，地方が最も力を入れてきた経済政策の1つである企業誘致の評価を考える。
　需要の取り込みを考えるとき，大きく外需と内需に分けて考える方法があ

図表 3-13　各都道府県の食料品製造業における従業者 4 人以上の事業所の動向

| 都道府県 | 事業所数 | 従業者数 (人) | 製造品出荷額等 (万円) | 付加価値額 (万円) | 1人当たり出荷額 (万円) | 1人当たり粗付加価値額（労働生産性） (万円) | 粗付加価値額／出荷額 (付加価値率) |
|---|---|---|---|---|---|---|---|
| 北海道 | 1,998 | 76,739 | 184,061,308 | 52,124,456 | 2,398.5 | 679.2 | 0.283 |
| 青森 | 417 | 14,856 | 26,206,433 | 7,176,834 | 1,764.0 | 483.1 | 0.274 |
| 岩手 | 510 | 18,047 | 30,517,308 | 9,832,399 | 1,691.0 | 544.8 | 0.322 |
| 宮城 | 627 | 24,136 | 44,057,380 | 16,008,914 | 1,825.4 | 663.3 | 0.363 |
| 秋田 | 386 | 7,778 | 8,775,045 | 3,316,219 | 1,128.2 | 426.4 | 0.378 |
| 山形 | 478 | 15,217 | 27,092,356 | 8,997,597 | 1,780.4 | 591.3 | 0.332 |
| 福島 | 527 | 15,892 | 25,406,754 | 8,407,795 | 1,598.7 | 529.1 | 0.331 |
| 茨城 | 838 | 42,748 | 109,867,198 | 33,571,150 | 2,570.1 | 785.3 | 0.306 |
| 栃木 | 464 | 20,672 | 47,092,085 | 18,989,491 | 2,278.1 | 918.6 | 0.403 |
| 群馬 | 528 | 25,111 | 64,756,678 | 22,771,280 | 2,578.8 | 906.8 | 0.352 |
| 埼玉 | 905 | 58,348 | 139,884,712 | 49,037,841 | 2,397.4 | 840.4 | 0.351 |
| 千葉 | 976 | 46,895 | 123,796,977 | 41,327,000 | 2,639.9 | 881.3 | 0.334 |
| 神奈川 | 747 | 51,013 | 126,048,047 | 48,420,835 | 2,470.9 | 949.2 | 0.384 |
| 東京 | 889 | 29,792 | 68,541,315 | 24,601,308 | 2,300.7 | 825.8 | 0.359 |
| 新潟 | 792 | 34,562 | 65,280,716 | 26,391,050 | 1,888.8 | 763.6 | 0.404 |
| 富山 | 372 | 9,175 | 12,963,744 | 4,717,741 | 1,412.9 | 514.2 | 0.364 |
| 石川 | 419 | 10,591 | 12,249,662 | 5,300,300 | 1,156.6 | 500.5 | 0.433 |
| 福井 | 237 | 4,510 | 4,874,061 | 2,044,524 | 1,080.7 | 453.3 | 0.419 |
| 山梨 | 202 | 9,831 | 15,715,067 | 5,917,686 | 1,598.5 | 601.9 | 0.377 |
| 長野 | 720 | 22,036 | 48,195,406 | 19,157,611 | 2,187.1 | 869.4 | 0.397 |
| 岐阜 | 531 | 16,308 | 28,933,358 | 10,760,895 | 1,774.2 | 659.9 | 0.372 |
| 静岡 | 1,303 | 43,562 | 108,273,102 | 39,412,401 | 2,486.6 | 905.2 | 0.364 |
| 愛知 | 1,359 | 62,435 | 157,547,148 | 55,439,754 | 2,523.4 | 888.0 | 0.352 |
| 三重 | 533 | 16,562 | 36,889,625 | 13,281,906 | 2,227.4 | 802.0 | 0.360 |
| 滋賀 | 229 | 9,088 | 20,263,381 | 6,928,459 | 2,229.7 | 762.4 | 0.342 |
| 京都 | 524 | 18,613 | 39,957,212 | 16,990,644 | 2,146.7 | 912.8 | 0.425 |
| 大阪 | 941 | 48,550 | 111,212,429 | 46,368,737 | 2,290.7 | 955.1 | 0.417 |
| 兵庫 | 1,537 | 57,485 | 139,642,600 | 51,454,105 | 2,429.2 | 895.1 | 0.368 |
| 奈良 | 259 | 9,276 | 21,064,688 | 9,831,950 | 2,270.9 | 1,059.9 | 0.467 |
| 和歌山 | 453 | 8,853 | 13,292,475 | 4,676,962 | 1,501.5 | 528.3 | 0.352 |
| 鳥取 | 187 | 7,266 | 9,542,498 | 2,949,677 | 1,313.3 | 406.0 | 0.309 |
| 島根 | 333 | 6,221 | 7,212,459 | 2,718,819 | 1,159.4 | 437.0 | 0.377 |
| 岡山 | 388 | 17,674 | 40,684,079 | 15,219,193 | 2,301.9 | 861.1 | 0.374 |
| 広島 | 634 | 25,616 | 56,163,140 | 19,166,430 | 2,192.5 | 748.2 | 0.341 |
| 山口 | 442 | 13,928 | 24,068,483 | 8,707,061 | 1,728.1 | 625.1 | 0.362 |
| 徳島 | 326 | 7,736 | 14,030,680 | 5,008,449 | 1,813.7 | 647.4 | 0.357 |
| 香川 | 511 | 14,128 | 28,847,926 | 10,551,820 | 2,041.9 | 746.9 | 0.366 |
| 愛媛 | 440 | 14,462 | 26,939,120 | 10,917,185 | 1,862.8 | 754.9 | 0.405 |
| 高知 | 295 | 5,654 | 6,510,738 | 2,643,074 | 1,151.5 | 467.5 | 0.406 |
| 福岡 | 1,042 | 43,631 | 88,620,054 | 35,719,407 | 2,031.1 | 818.7 | 0.403 |
| 佐賀 | 315 | 16,246 | 29,860,685 | 10,901,640 | 1,838.0 | 671.0 | 0.365 |
| 長崎 | 731 | 15,322 | 23,709,444 | 9,246,587 | 1,547.4 | 603.5 | 0.390 |
| 熊本 | 567 | 18,051 | 30,458,523 | 10,443,411 | 1,687.4 | 578.6 | 0.343 |
| 大分 | 337 | 8,114 | 13,399,307 | 4,449,177 | 1,651.4 | 548.3 | 0.332 |
| 宮崎 | 415 | 14,129 | 26,631,149 | 6,978,916 | 1,884.9 | 493.9 | 0.262 |
| 鹿児島 | 783 | 25,704 | 55,620,974 | 15,091,789 | 2,163.9 | 587.1 | 0.271 |
| 沖縄 | 405 | 10,246 | 12,443,430 | 3,816,077 | 1,214.5 | 372.4 | 0.307 |
| 平均 | | | | | 1,919.4 | 690.7 | 0.361 |

出所：経済産業省「工業統計調査」より。

る。ここでいう外需とは，外の需要に応えることで利益を地域内へ還元することを指す。つまり製造業は外需産業の代表格であり，次いでサービスの輸出や域外展開などが該当する。

　食料品製造業でいえば，オランダが外需型による圧倒的な競争力を構築した例といえる。一般に，米国に次ぐ世界第2位の食品輸出額の大きさが注目の的になっているが，農産品に限っていえば輸入量も非常に多い。つまり，他地域から原材料を仕入れて付加価値を高めて送り出すという仕組みである。この活動の中核に位置するのがワーヘニンゲン大学を中心としたフードバレーである。大学拠点というと，優れた研究者の独創的な発見や発明の印象が強いが，ワーヘニンゲンの特徴はとにかく徹底したニーズ主導型研究開発をする場所といえる。

　地方が外需獲得を実現する方法の1つとして企業誘致がある。特に大型の工場を持つ企業を誘致することは，地方における雇用創出効果も期待される。しかし，この企業誘致に対し，多くの研究結果は厳しい見解を伝えている。例えば，地方の経済的な構造要因と製造業誘致との関係を詳細に調べた千野（2011）は，製造業誘致による雇用創出力は低下基調にあり，さらに雇用の不安定性や，雇用先のつなぎとめの難しさのリスクも高まっていると結論づけた上で，論点を次のようにまとめている。

- 2000年代前半に高額補助金による製造業の誘致合戦が各地で激化した。しかし，誘致に成功しても当初想定したほどの雇用拡大効果が得られないケースが見受けられた。
- さらに，工場誘致に成功した地方ほど，世界的金融危機等の景気悪化のダメージを受けた。
- 製造業の従業者数は，増産が続いていた2000年代の景気回復期においても減少していた。その背景として，国際分業体制の進展などによって，雇用創出力が高い労働集約型製造業のシェアが縮小し，機械やコンピュータなどを駆使し自動化が進んだ資本集約型製造業のシェアが拡大してきたこ

とがある。
➤ 新興国需要の高まり，円高，東日本大震災のサプライチェーンの寸断の教訓から，工場の海外移転や新規事業所の海外進出が増加してきた。この動きは地方に対し大きな打撃となった。

ただし，最後の視点に関しては，2013年以降の円安基調により，工場の海外移転の動きは収まりを見せている。いずれにしても，大型の製造業誘致はコストが大きいわりに，期待したほどのリターンが得られない場合や，想定以上のリスクをはらんでいる場合が多いことがわかる。

## 3.4 機能性表示食品制度の狙いと現状

奥村昌子

### 3.4.1 「機能性表示食品制度」の誕生

2015年4月に食品表示を一括する食品表示法の施行に伴い，新たな食品の表示に関する制度「機能性表示食品制度」がスタートした。それまでは保健機能食品制度に基づく特定保健用食品（以下トクホ）と栄養機能食品以外は，一般食品に機能性による健康の保持増進の効果等を表示することは認められていなかった。そのため，多くの商品が機能性に科学的エビデンスがある関与成分を用いた食品であっても「いわゆる健康食品」として扱われていた。

この背景として，トクホについては許可を受けるための手続の負担（費用，期間等）が大きく，中小企業は参入しにくいこと，栄養機能食品は対象成分が栄養成分（ビタミン，ミネラル）に限定されていることなどがあった。このような現状を受け，特定保健用食品制度および栄養機能食品制度を維持しつつ，企業等の責任において科学的根拠をもとに機能性を表示できる新たな方策が検討され，2015年4月1日から開始される「機能性表示食品制度」が誕生することとなった（消費者庁，2015a，2016b）。

この新制度により，消費者庁のガイドラインに沿って届出をすれば，企業の責任において機能性の科学的根拠のもと食品の機能性の商品への表示を可能と

図表3－14　機能性が表示できる食品の分類

【旧制度】

| 栄養機能食品 | 特定保健用食品 | 一般食品 |
|---|---|---|
| ・基準を満たせば表示が可<br>　ビタミン5成分<br>　ミネラル12成分<br>・許可の必要なし<br>・成分が栄養素のみ<br>・表示内容は成分ごとに規定 | ・審査後，表示を許可<br>・ヒト臨床試験が必須<br>・費用が膨大<br>・商品化までの期間が長い | ・機能性の科学的根拠を持つ商品も含めたいわゆる健康食品はすべて一般食品<br>・機能性の表示は不可 |

【機能性表示食品制度導入後】

| 栄養機能食品 | 特定保健用食品 | 機能性表示食品 | 一般食品 |
|---|---|---|---|
| ビタミン6成分<br>ミネラル13成分<br>n-3系脂肪酸 | | 企業の責任において，機能性の科学的根拠のもと機能性表示が可能 | ・いわゆる健康食品含む |

機能性の表示が可能の食品

した。この規制改革によって，市場規模1兆2千億円ともいわれる健康食品市場（内閣府，2013）へと企業が新規参入するハードルを下げるとともに，消費者の機能性を持つ食品の選択のための情報入手と購入の機会を増やすことにより，経済成長と国民の健康の増進の2つを推進するものと期待されている。

### 3.4.2　機能性表示食品制度の概要

#### 1　参考とした米国のダイエタリーサプリメント制度

　機能性表示食品制度は，米国のダイエタリーサプリメント健康教育法（Dietary Supplement Health and Education Act，以下DSHEA）を参考に検討が進められた。DSHEAは1994年に制定され，消費者の健康上の利益のため，また国家の医療費削減への貢献のために定められた教育法であり，ダイエタリーサプリメントについて定義したものである。大きな特徴は，条件を満たせば米国食品医薬局（FDA）へ製品販売後30日以内の届出のみで，事業者の責任の下，機能性の表示が可能となる点である（ただし，疾病リスク低減表示は禁止）。そのほか

に表示中に国の評価を受けたものではない旨および疾病の治療等を目的としたものではない旨の表示が必須事項となっており，食品の形状は錠剤，カプセル，ソフトジェル，液体等のサプリメントに限定している。

　米国は，この制度整備によってサプリメントの食品表示に関する規制を緩和し，国内のサプリメント市場を飛躍的に発展させた。一方，この制度の問題点として，発売後最大30日間，成分や機能性等の情報を把握できない点，届出項目が表示責任者の住所，機能性表示の文章，使用成分名，商品名，表示責任者の署名等に限定されており，機能性に関する科学的根拠は届出の対象ではなく，開示する必要がないため，商品の機能性や安全性の担保が保証されていない点などが指摘されていた。

　これらの問題点を踏まえ，日本の機能性表示食品制度では，安全性や機能性に関する科学的根拠のレベルの設定と，科学的根拠を含め商品情報について透明性を高めた制度となっており，届出項目は米国に比べるとかなり厳しいものとなっているが，消費者の安全性の確保に十分配慮した制度となった。

## 2 機能性表示食品制度の特徴

　機能性表示食品の届出は，事業者が商品販売の60日前までに行うものとし，①当該食品に関する表示の内容，②食品関連事業者名および連絡先等の食品関連事業者の基本情報，③安全性および機能性の根拠に関する情報，④生産・製造および品質管理に関する情報，⑤健康被害の情報収集体制，⑥その他必要な事項を消費者庁の定めるルールに基づいて作成した書類を消費者庁へ届け出ることになっている。③の安全性および機能性に関する情報に関しては，その科学的根拠とする臨床試験の結果や学術論文などの内容を理解しやすく記載した，一般消費者向けの資料と専門家向けの資料の提出が求められる。消費者庁で書類を確認後，届出が受理された商品に関する情報すべてが，消費者庁ウェブサイトにて公開される。そのため，販売前から商品の安全性や機能性が公表され，消費者や専門家が確認できる仕組みとなっている。

## 3 機能性表示食品として対象となる食品とその表示

本制度で対象となる食品は，生鮮食品も含むすべての食品である。企業の責任において生鮮食品まで含む幅広い食品の機能性表示を可能とする制度は，これまでに類がなく，世界からも注目されている。届出された食品をみると錠剤やカプセルなどサプリメント状の食品，ヨーグルトや野菜ジュース，炭酸飲料，ノンアルコール飲料，みかんや大豆もやしといった生鮮食品など多様な食品が機能性表示食品として受理されている。ただし，特別用途食品（特定保健用食品を含む），栄養機能食品，アルコールを含有する飲料や脂質，飽和脂肪酸，コレステロール，糖類（単糖類または二糖類であって，糖アルコールでないものに限る），ナトリウムの過剰な摂取につながる食品は対象外である。また疾病に罹患している者，未成年者，妊産婦（妊娠を計画している者を含む），授乳婦を対象に開発された食品は対象外とし，これらの者を対象に開発された商品ではない旨の定型文を容器包装上に必ず表示することとしている。

つまりこの制度では，トクホで認められている疾病リスクの低減に関する表示や疾患名を表示することは認められていない。一方，目や肩，ひざなど特定の身体部位に関する表現が認められた。これまで機能性を有していても効果を予想させるようなあいまいな表現を用いざるを得なかった食品が，機能とその効果を明確にアピールすることが可能となった。

## 4 機能性表示による差別化

これまで「いわゆる健康食品」の中には，食品の安全性や機能性を各種の規定に沿ってしっかりと管理されている商品がある一方で，健康効果のイメージだけのあいまいな商品や粗悪なものも出回っている現状があった。機能性表示食品制度では，安全性および機能性に関する科学的根拠に関する書類の提出を義務づけており，さらにその情報は発売前に一般に公開される。そのため，届出書類は，機能性表示食品として商品を販売しようとする企業のいわばステートメントともいえ，その企業がどれほど商品に責任を持って販売しようとしているのかを評価しうるものとなる。実際，情報公開後に消費者団体等からの指

摘を受けて，表示しようとする内容など書類の記載項目を再検討し，変更するなどの対応を取った企業もでてきた。

　書類の変更箇所や受理後に申請撤回をした商品もその履歴がすべてウェブ上でわかるようになっている。企業の責任において実施する食品表示を消費者が評価し，自分たちの暮らしに必要な商品を育てていく文化の始まりとも考えることができる。

### 3.4.3　運用開始後の機能性表示食品制度の動向

#### 1　食品の機能性表示の条件緩和

　制度が開始した 2015 年 4 月時点で機能性表示食品の届出は 100 件を超えたといわれていたが，4 月 17 日の初の届出情報公開の際に受理された食品は 8 件にとどまった。その後，4 月に 26 件，5 月に 26 件と書類の受理は進み，9 月末には 145 件となった。そして 2016 年度末には届出・受理された食品は 305 件に達した（申請を撤回した 5 件を除く）。このことから多くの企業が機能性表示食品制度を活用する動きが伺える。

　消費者庁の特定保健用食品（トクホ）は 2012 年度 49 件，2013 年度 65 件，2014 年度 66 件が認可されていた。新制度に伴い，トクホ認定を取得しようとする企業の動きが弱まることも予想されたが，実際はトクホ認定も 2015 年度は 104 件が認可され，制度開始前を上回る結果となった。このように産業の活性化と食品の機能性の有効的な活用を狙った規制改革のひとつであった機能性表示食品制度は，十分にその目標に沿って始動しているかのように見える。

　トクホの承認にはヒトを対象とした臨床試験が不可欠であり，その膨大な費用は企業にとっては大きな負担であり，食品の機能性が活用されない要因の一つとされていた。そのため，機能性表示食品制度では，機能性の科学的根拠を示す方法として「最終製品を用いた臨床試験（人を対象とした試験）による機能性を評価」のほかに，「最終製品に関する研究レビュー（一定のルールに基づいた文献調査（システマティックレビュー））での機能性を評価」または「最終製品ではなく，機能性関与成分に関する研究レビューによる機能性を評価」も認め

ている。2016年度に受理された305件のうち，最終製品を用いた臨床試験による機能性を評価した食品は36件にとどまり，約9割にあたる268件が「最終製品ではなく，機能性関与成分に関する研究レビューによる機能性の評価」を行った旨を申請していた。このことから，企業が食品の機能性表示に関して緩和された点を活用し，申請につながっていることがわかる。

### 2 機能性表示食品制度に伴う自治体の動き

機能性表示食品制度のスタートに伴い，各自治体も動き出している。例えば，大阪府は制度開始に合わせ2014年度中に機能性表示食品の申請支援のために1,620万円の補正予算を組み，27年度からの申請に関する支援事業をスタートさせている。同様に香川県や愛媛県，新潟県なども補助金の助成事業や申請の支援事業をスタートし，新制度を活用する企業の市場参入を後押しする方策を取り始めた。新しい制度を契機に，自治体が食品の持つ機能性に付加価値を見出し，地域の食品産業の活性につなげようとしている。

### 3.4.4　これからの機能性表示食品をとりまく食環境整備

消費者を対象に行われた食品の機能性表示に関する調査によると，サプリメント形状の健康食品に，機能性を表示する際に最低限必要な試験としてヒト介入試験と回答した者は，疾病のない20～64歳で40.2%，同じく加工食品の場合32.2%，生鮮食品の場合34.0%，何らかの疾病を持つ20～64歳の者では，50.2%，39.2%，40.0%，65歳以上では47.7%，34.4%，32.7%となっており，サプリメント形状の食品では4-5割の消費者がヒト介入試験を実施することを妥当としていた。また，加工食品や生鮮食品の機能性の表示の際もヒト介入試験を必要する者が3-4割であった。これらのことを踏まえると，今後も引き続き，消費者には臨床試験による科学的な根拠がしっかりとした機能性表示食品が期待されていることが推察される。

法の整備により企業は食の機能性を付加価値とした食品販売への挑戦が可能となった。それにより，今後も健康食品業界は多様性を増すことが予測される。

それと同時に消費者には自分の健康づくりのための食品選択ができるヘルスリテラシーが求められる。今後は，食品の機能性を適切に伝えるチャネルの整備など消費者の健康づくりへの貢献により配慮した商品の展開が期待される。

# 第4章
# 地方食品産業のイノベーションモデルの探求

　地方において産業振興を成そうとするとき，都心と比べて不利となる点は数えきれない。特に川下に近いビジネスではそれが顕著になる。消費地との距離，マーケット情報の格差，不便な海外アクセス，域内人口の減少，異業種連携に対する障壁，そして有能な人材の不足など，まさに枚挙に暇がない。ただし，少ないながらも有利な点も存在する。その1つが産業特化である。大都市と違い人口の少ない地方では，特定の産業に集中しやすい。正確にはその合意形成がしやすい。逆に大都市ではなかなかこれができない。さまざまな産業が一定数存在するため，それらを不要と切り捨てることができないためである。つまり，地方はもともとニッチトップを目指す土壌が備わっているといえる。

　実際に地域産業の集積は，地域イノベーションの創出にポジティブな効果をもたらすことがさまざまな研究によって実証されている。そのため，産業クラスターや地域拠点の形成要因の把握は，イノベーション政策上重要な課題となっている。

　本章では，北海道発の企業や農産物を多く取り上げている。北海道では，食品産業クラスターを推進するため，商品の高付加価値化，マーケティング，販路拡大，投資促進，普及促進を強く支援している。特に北海道の食品の付加価値率は27.9％と全国平均34.5％に比べて低く，北海道の食品の高付加価値化は重要な課題となっている。

　そのような中，北海道は独自の健康食品表示基準である「北海道食品機能性表示制度」（通称ヘルシーDo）を策定した。以前は食品の機能性や有用性を記載することができたのは健康機能食品のみであり，これを持たない道内企業は

消費者に商品の機能性に関する有用な情報を提供できず販路拡大に苦慮していた。ヘルシーDoは北海道が主産地の健康効果の高い農水産物や，それを原料とした製品を対象とし，臨床試験の結果などの科学的根拠が認められた情報の表示を可能とした。この取り組みは地方における企業ブランドの向上や地域活性化を後押しする事例として，特許行政年次報告書2015年版にも掲載されている。

そのほかにも，北海道フード・コンプレックス国際戦略総合特区と呼ばれる取り組みも行われている。農水産物の生産体制を強化するとともに，食に関する研究開発・製品化支援機能を集積・拡充し，これを活用して北海道の豊富な農水産資源および加工品の安全性と付加価値の向上，市場ニーズに対応した商品開発の促進と販路拡大を図ることによって，東アジアにおける食産業の研究開発・輸出拠点化を目指すものである。

本章ではまず，北海道の食料品製造業の競争力に関するデータを導入部に置き，その後9つの事例を紹介する。

## 4.1 データから見る食料品製造業の競争力：北海道の事例

金間大介

### 4.1.1 全国の主要都市の食料品製造業の付加価値額と付加価値率

図表4-1に全国の各主要都市におけるデータを示した。全国の主要都市別では，都道府県別に比べて各都市のパフォーマンスがよりクリアになるため，都市によって大きな差が見られる。例えば食の街札幌市は，ほかの市よりも1人当たり付加価値額（労働生産性）で下位に甘んじている。ただし，製造品出荷額当たりの付加価値額（付加価値率）は低くないことから，札幌市は製品に対する価値の付与で後れを取っているわけではなく，1人当たりで見たときの生産性の低さが課題といえる。

さらに，図表4-2には北海道の各都市のデータを掲載した。同指標において非常に高い値を示している千歳市，伊達市，北広島市などは，生産性の高い食料品製造業の育成あるいは確保に成功しているといえる。ただし，この粒度

図表4－1　各主要都市の食料品製造業における従業者4人以上の事業所の動向

| | 事業所数 | 従業者数 (人) | 製造品出荷額等 (万円) | 粗付加価値額 (万円) | 1人当たり出荷額 (万円) | 1人当たり粗付加価値額 (労働生産性) (万円) | 粗付加価値額／出荷額 (付加価値率) |
|---|---|---|---|---|---|---|---|
| 札幌市 | 253 | 14,722 | 23,001,620 | 9,594,448 | 1,562 | 652 | 0.417 |
| 江別市 | 24 | 1,802 | 3,224,996 | 1,164,366 | 1,790 | 646 | 0.361 |
| 帯広市 | 42 | 2,426 | 6,317,332 | 2,479,600 | 2,604 | 1,022 | 0.393 |
| 仙台市 | 108 | 3,753 | 7,191,161 | 3,044,578 | 1,916 | 811 | 0.423 |
| さいたま市 | 72 | 4,461 | 10,021,039 | 4,516,151 | 2,246 | 1,012 | 0.451 |
| 千葉市 | 70 | 5,794 | 26,571,366 | 6,760,886 | 4,586 | 1,167 | 0.254 |
| 東京特別区 | 711 | 16,677 | 33,650,174 | 13,475,546 | 2,018 | 808 | 0.400 |
| 横浜市 | 217 | 16,139 | 48,902,316 | 18,023,616 | 3,030 | 1,117 | 0.369 |
| 川崎市 | 83 | 4,802 | 25,405,233 | 11,248,032 | 5,291 | 2,342 | 0.443 |
| 相模原市 | 46 | 4,278 | 6,935,438 | 2,980,206 | 1,621 | 697 | 0.430 |
| 新潟市 | 242 | 11,573 | 22,455,742 | 10,618,853 | 1,940 | 918 | 0.473 |
| 静岡市 | 259 | 7,843 | 22,962,770 | 7,988,414 | 2,928 | 1,019 | 0.348 |
| 浜松市 | 169 | 4,860 | 7,349,282 | 3,754,905 | 1,512 | 773 | 0.511 |
| 名古屋市 | 437 | 12,273 | 30,913,602 | 11,217,950 | 2,519 | 914 | 0.363 |
| 京都市 | 318 | 8,391 | 13,518,011 | 6,883,376 | 1,611 | 820 | 0.509 |
| 大阪市 | 439 | 13,145 | 23,503,226 | 8,389,282 | 1,788 | 638 | 0.357 |
| 堺市 | 96 | 3,922 | 10,143,379 | 3,915,928 | 2,586 | 998 | 0.386 |
| 神戸市 | 272 | 16,397 | 54,346,825 | 19,999,958 | 3,314 | 1,220 | 0.368 |
| 岡山市 | 119 | 5,038 | 12,476,247 | 5,442,118 | 2,476 | 1,080 | 0.436 |
| 広島市 | 222 | 9,784 | 21,642,175 | 7,882,361 | 2,212 | 806 | 0.364 |
| 北九州市 | 138 | 4,151 | 8,235,623 | 3,519,001 | 1,984 | 848 | 0.427 |
| 福岡市 | 262 | 9,052 | 21,009,476 | 9,092,911 | 2,321 | 1,005 | 0.433 |
| 平均 | | | | | 2,448 | 969 | 0.405 |

出所：経済産業省「工業統計調査」より。

まで落とし込むと，かなり事業所数の少ない市（区）も出てくるため，平均値としてのデータとしては信頼性が低下してくることに留意されたい。

### 4.1.2　北海道主要都市・地域の食料品製造業のパフォーマンス分析

　ここからは，あらためて道内主要都市・地域に拠点を置く食料品製造業企業のパフォーマンスを本書で独自に分析したデータとともに見ていく。財務情報として利用した財務データは，株式会社東京商工リサーチの3300byte企業情報データである。企業抽出条件として，

① 分析対象の市・地域に本社を置き，
② 産業分類として製造業の中の食料品製造業に属し，

図表4-2　北海道内の食料品製造業における従業者4人以上の事業所の動向
（事業所数が11社以上の市）

| | 事業所数 | 従業者数<br>（人） | 製造品出荷額等<br>（万円） | 粗付加価値額<br>（万円） | 1人当たり<br>出荷額<br>（万円） | 1人当たり<br>粗付加価値額<br>（労働生産性）<br>（万円） | 粗付加価値額／出荷額<br>（付加価値率） |
|---|---|---|---|---|---|---|---|
| 札幌市 | 253 | 14,722 | 23,001,620 | 9,594,448 | 14,978 | 652 | 0.417 |
| 江別市 | 24 | 1,802 | 3,224,996 | 1,164,366 | 1,790 | 646 | 0.361 |
| 函館市 | 134 | 4,762 | 9,900,528 | 3,159,119 | 2,079 | 663 | 0.319 |
| 小樽市 | 106 | 3,783 | 7,422,133 | 2,955,869 | 1,962 | 781 | 0.398 |
| 旭川市 | 92 | 2,700 | 4,836,606 | 1,770,567 | 1,791 | 656 | 0.366 |
| 室蘭市 | 15 | 265 | 207,893 | 73,374 | 785 | 277 | 0.353 |
| 釧路市 | 68 | 2,065 | 6,210,495 | 1,240,781 | 3,008 | 601 | 0.200 |
| 帯広市 | 42 | 2,426 | 6,317,332 | 2,479,600 | 2,604 | 1,022 | 0.393 |
| 北見市 | 36 | 1,101 | 2,209,402 | 681,955 | 2,007 | 619 | 0.309 |
| 岩見沢市 | 21 | 1,021 | 2,671,347 | 721,810 | 2,616 | 707 | 0.270 |
| 網走市 | 33 | 988 | 3,629,365 | 871,386 | 3,673 | 882 | 0.240 |
| 留萌市 | 28 | 828 | 1,399,983 | 534,659 | 1,691 | 646 | 0.382 |
| 苫小牧市 | 20 | 583 | 989,352 | 505,130 | 1,697 | 866 | 0.511 |
| 稚内市 | 55 | 1,239 | 3,816,117 | 829,484 | 3,080 | 669 | 0.217 |
| 紋別市 | 42 | 890 | 3,996,203 | 947,463 | 4,490 | 1,065 | 0.237 |
| 根室市 | 63 | 1,738 | 6,283,848 | 1,420,033 | 3,616 | 817 | 0.226 |
| 千歳市 | 21 | 1,123 | 3,277,368 | 1,701,179 | 2,918 | 1,515 | 0.519 |
| 深川市 | 11 | 209 | 224,834 | 107,705 | 1,076 | 515 | 0.479 |
| 登別市 | 16 | 364 | 246,003 | 87,339 | 676 | 240 | 0.355 |
| 恵庭市 | 18 | 2,562 | 5,009,016 | 2,176,262 | 1,955 | 849 | 0.434 |
| 伊達市 | 17 | 409 | 1,391,559 | 547,609 | 3,402 | 1,339 | 0.394 |
| 北広島市 | 12 | 309 | 926,704 | 485,519 | 2,999 | 1,571 | 0.524 |
| 石狩市 | 18 | 429 | 2,577,753 | 451,093 | 6,009 | 1,051 | 0.175 |
| 北斗市 | 21 | 1,453 | 1,700,280 | 664,044 | 1,170 | 457 | 0.391 |
| 平均 | | | | | 3,003 | 796 | 0.353 |

出所：経済産業省「工業統計調査」より。

③　2011年度から2013年度の3カ年分のデータを含む

ことを条件とした。その結果，合計1,099社が抽出された。その中から，データ欠損が見られる企業等を目視で取り除き，最終的に795社が分析母集団となった。主に利用したデータ項目は，次の通りである：「本社所在地」，「2011年度から2013年度の3カ年分の売上・税引き後利益（純利益）」，「従業員数」。これらに加えて，参考までに資本金，主力商品，取引相手等も確認しながら分析を行った。さらに，795社すべてに対し，2014年6月の時点で1件でも特許を登録している企業があれば，これを抽出した。

さて，このように分析した結果を図表4-3に掲載した。売上高，純利益に

図表4－3　北海道内の各市・地域の食料品製造業企業のパフォーマンスの比較分析

| 市・地域 | 特許の有無 | 企業数 | 総従業員数 | 企業当たり従業員数 平均値 | 企業当たり従業員数 中央値 | 総売上高（3カ年平均）（百万円） | 企業当たり売上高（3カ年平均）（百万円）平均値 | 企業当たり売上高（3カ年平均）（百万円）中央値 | 総純利益（3カ年平均）（百万円） |
|---|---|---|---|---|---|---|---|---|---|
| 札幌市 | 無 | 267 | 8,531 | 31.9 | 11.0 | 565,698 | 2,118.7 | 303.3 | 6,511.8 |
| 札幌市 | 有 | 30 | 3,450 | 115.0 | 45.0 | 160,758 | 5,358.6 | 1,185.4 | 2,399.0 |
| 十勝地区 | 無 | 120 | 2,642 | 22.0 | 8.0 | 113,228 | 943.6 | 241.7 | 2,855.0 |
| 十勝地区 | 有 | 12 | 1,373 | 98.6 | 18.0 | 57,832 | 4,687.7 | 608.9 | 1,579.1 |
| 江別市 | 無 | 19 | 419 | 22.1 | 20.0 | 18,194 | 957.6 | 516.5 | 328.3 |
| 江別市 | 有 | 3 | 144 | 48.0 | 56.0 | 6,728 | 2,243.0 | 3,062.5 | 157.2 |
| 旭川市 | 無 | 76 | 1,663 | 21.2 | 15.0 | 49,272 | 648.3 | 216.7 | 197.5 |
| 函館市 | 無 | 106 | 2,775 | 26.2 | 15.0 | 114,575 | 1,080.9 | 382.0 | 854.7 |
| 小樽市 | 無 | 66 | 1,437 | 21.8 | 11.0 | 60,178 | 911.8 | 332.8 | 323.3 |
| 余市市 | 無 | 32 | 339 | 10.6 | 8.0 | 11,900 | 371.9 | 207.0 | 38.0 |
| 石狩市 | 無 | 11 | 502 | 45.6 | 5.0 | 6,795 | 617.8 | 275.3 | -187.9 |
| 千歳市 | 無 | 22 | 851 | 38.7 | 9.0 | 20,680 | 940.0 | 308.5 | 409.7 |
| 北広島市 | 無 | 6 | 256 | 42.7 | 21.0 | 13,669 | 2,278.3 | 222.7 | 125.8 |
| 恵庭市 | 無 | 10 | 147 | 14.7 | 12.0 | 4,006 | 400.6 | 247.6 | 129.5 |

| 市・地域 | 企業当たり純利益（3カ年平均）（百万円）平均値 | 企業当たり純利益（3カ年平均）（百万円）中央値 | 売上高純利益率（3カ年平均）（%）平均値 | 売上高純利益率（3カ年平均）（%）中央値 | 一人当たり売上高（3カ年平均）（百万円）平均値 | 一人当たり売上高（3カ年平均）（百万円）中央値 | 主な企業 |
|---|---|---|---|---|---|---|---|
| 札幌市 | 24.4 | 1.9 | 1.15 | 0.89 | 66.3 | 25.0 | よつ葉乳業・セイコーフレッシュフーズ |
| 札幌市 | 79.9 | 7.6 | 1.49 | 0.50 | 46.6 | 34.5 | 雪印種苗・春雪さぶーる・アレフ |
| 十勝地区 | 23.8 | 2.1 | 2.52 | 1.00 | 42.9 | 26.3 | マルハニチロ北日本・花畑牧場 |
| 十勝地区 | 72.6 | 10.1 | 2.73 | 1.17 | 42.1 | 27.5 | カルビーポテト・六花亭製菓・柳月 |
| 江別市 | 17.3 | 2.2 | 1.81 | 0.53 | 43.4 | 25.8 | 菊水・トンデンファーム |
| 江別市 | 52.4 | 42.3 | 2.34 | 1.19 | 46.7 | 36.9 | オシキリ食品・江別製粉 |
| 旭川市 | 2.6 | 0.4 | 0.40 | 0.19 | 29.6 | 17.6 | くみあい乳業・藤原製麺 |
| 函館市 | 8.0 | 1.3 | 0.75 | 0.43 | 41.3 | 21.8 | 三印三浦水産・函館魚市場 |
| 小樽市 | 4.9 | 0.5 | 0.53 | 0.10 | 41.9 | 26.4 | 北海道保証牛乳・かま栄・和弘食品 |
| 余市市 | 1.2 | 0.0 | 0.32 | 0.05 | 35.1 | 27.0 | ビクトリーポーク・高野冷凍・柿崎商店 |
| 石狩市 | -17.1 | 0.4 | -2.76 | 0.09 | 13.5 | 33.9 | 三松・コープフーズ |
| 千歳市 | 18.6 | 0.4 | 1.98 | 0.16 | 24.3 | 27.5 | ケイシイシイ・もりもと・北海道キッコーマン |
| 北広島市 | 20.9 | 0.1 | 0.92 | 0.19 | 53.4 | 25.6 | ホクサン |
| 恵庭市 | 12.9 | 0.9 | 3.23 | 1.13 | 27.3 | 17.0 | 健信 |

ついては3カ年分（2011年度から2013年度）の平均を活用している。また，フード特区を意識して十勝を1つの地区として扱い，比較できるようにした。図表中の下線は本書で着目してほしい箇所に引かれている。

札幌市は，企業数や総売上高など，規模の面で他市・地域を圧倒する数値と

なっている。ただし，効率の面，例えば，企業当たり純利益や一人当たり売上高では，依然として高い数値を計上しているものの，ほかを凌駕しているわけではない。売上高純利益率においては，他市・地域が札幌市を上回る値を見せているケースもある。

その効率面で強さを見せているのが十勝地区である。区分上，札幌市に次ぐ規模を保持しており，企業当たり純利益および1人当たり売上高では，札幌市と同水準にある一方，売上高純利益率は札幌市よりもはるかに高い。これは，企業当たり売上高は札幌市ほど高くないものの，しっかりと利益を確保しているためで，今回調査した北海道内の食料品製造業の中で最も収益化がなされている地域といえる。

その他の周辺市の中では，千歳市，北広島市，恵庭市の企業純利益や売上高純利益率は相応の水準を保っている。江別市も企業数等の規模面は一回り小さいが，1人当たり売上高は十勝地区，札幌市，その他の都市に負けてはいない。これらの市は，より規模の大きい旭川市，函館市，小樽市と比べてもはるかに収益力は高い。あらためて，札幌周辺の食料品メーカーの企業力が垣間見える。したがって，この業種に限っていえば，やはり北海道内では石狩地区と十勝地区の2大平野の戦いぶりが北海道全体の収益力を左右すると思われる。

また，原則として売上高が高いからといって利益率が上昇するとは限らない。やはり第3章でも見たように，食料品製造業にとっては収穫逓減の法則が存在していると考えた方がよい。今後，量的拡大は当然の狙いとして存在するものの，いかに高収益のビジネスモデルを構築するかが勝敗の鍵となるといえる。

さらにすべての市・地域において，特許保有企業群は高いパフォーマンスを見せていることがわかる。特に，札幌市，十勝地区ともに，企業当たり純利益や売上高純利益率の高さが際立つ。ただし，全体的にこれら技術ベースの食品メーカーは少ない。今後はこれら技術ベースのハイパフォーマーの拡充，あるいは新しい技術ベースの起業が目標の1つとなる。

## 4.2 高機能タマネギの開発と高収益ビジネスモデルの確立

岡本大作・瀬戸口友紀・金間大介

### 4.2.1 はじめに

　日本の第一次産業が国内総生産額に占める割合は1%ほどであり，対して約4%の人口が同産業に従事していることから，農業は生産性が低くて儲からない産業と考えられている．そのように考えられている理由として，日本の農産物のブランド化が遅れてきたこと，生産者に価格決定権がなかったことなどが挙げられている．また，日本の農産物の流通事情は，安定供給を第一とし，規格性を重視しているため，結果として，横並びの品質・特性の農産物が市場を占めているのが現状である．

　このような条件下で競争力のある農業を目指す場合，生産力でトップになるか，小ロットで地域優位性を活かしたブランドを確立する方法などが考えられる（岡本，2010）．本ケースは，品種改良という手段によって付加価値の高い農作物を生みだし，地域ブランドの創生を行うことによって，新たな食ビジネスを確立することを目的としたものである．ターゲットとした付加価値は，農産物が持つ機能性であり，これを世界的に最もよく食されている農産物の1つである，タマネギで実現させた事例を報告する．

### 4.2.2 新品種開発の経緯

#### 1 タマネギと機能性

　タマネギはユリ科の二年生植物で，古くからその食味，栄養だけでなく，健康機能が知られている．世界の野菜市場において，トマト，にんじんに並び，開発には大規模投資が求められる重要作目であり，日本においてもキャベツ，大根に次いで栽培面積と収穫量の多い野菜である．

　従来のタマネギに求められる特性とは，収量性，貯蔵性，作業性（機械適正），規格性，耐病性などである．安定供給を第一とする日本の流通システムにおいて，規格製品の大量生産のためにこれらの特性は欠かせないものであるが，出

来不出来によって価格の大きな変動や，価格調整のための大量廃棄などがしばしば行われるなど，規格品ゆえに商品としての地位は低い。また，製品差別化が成されない状況では，農家の利益を拡大するためのビジネスモデルの形成が行えない。タマネギのケースでは，農家が1つのタマネギから得られる利益が7カ月で2円であるのに対し，小売が3日程度で15円の利益を得ている計算になる。規格品の大量生産では，生産者の地位向上につながらず，価格決定権を有することができない。このように価格決定においての劣勢を，タマネギに高付加価値を付与することで優位に立てると考え，タマネギの品種改良に着手した。

タマネギの高付加価値化に際し，タマネギの機能性成分に注目した。背景には，日本で進む高齢化と生活習慣病の増加が挙げられる。世界でも有数の長寿国である日本では，平均寿命と健康寿命のギャップが1つの問題となっている。健康寿命とは，自立した生活を送れる年月を表したもので，日本は健康寿命においても世界で有数の長寿国であるが，平均寿命との差は8〜10歳程度あり，その間に要する医療費の増加が日本社会に大きな影響を及ぼしている。

また，食の高度化，ファストフードなどの利用の増加などにより，肥満や高血圧といった生活習慣病を増加させていることも医療費高騰の要因となっている。健康に対するニーズが個人から国の単位に至るまで高まり，食に関する機能性の研究開発の需要が高まっている時分において，タマネギのような日常的に消費の多い野菜での高機能性を実現できれば，大きな社会的価値を生みだせる（岡本，2015）。

### 2 ケルセチン高含有タマネギの誕生

タマネギに含まれるフラボノイドの一種であるケルセチンは，抗酸化作用，糖尿病予防，動脈硬化の抑制，癌の予防，紫外線防御，血圧上昇抑制，アレルギー抑制，脂肪燃焼など，多様な効果が認められており，昨今においては，トクホ関連の飲料水やサプリメントなど，さまざまな形で日々の消費に組み込まれている機能性成分である。

ケルセチンはタマネギのほか多くの野菜や果実などにも含まれているが，タマネギに含まれるケルセチン類は含量が多く，吸収が良いとされており，日本人が摂取するケルセチンの80％以上はタマネギ由来といわれている。また，ケルセチンは加熱調理によってほとんど失われないため，生で食べるより加熱調理される機会の方が多いタマネギとは非常に相性の良い成分である。ケルセチンは黄色い色素でタマネギの外皮に非常に多く含まれ，可食部では主にケルセチン配糖体として含まれる。そこでタマネギの研究開発の方針として，可食部に多くのケルセチンを含むタマネギ品種の開発を目標とした。

　現在，健康食品の多くは加工品で，農産物それ自体の機能性を強調するものは多くない。農産物は，季節，産地，栽培方法といった環境による影響を大きく受け，ばらつきが発生しやすく，再現性を欠くからである。機能性の高いタマネギの開発には，環境による変動を上回るような，遺伝的に機能性の高い野菜を開発することも課題の１つである。

　タマネギは交配による品種改良が行われる。直径1mm程度の種子を蒔いてから，およそ7カ月でタマネギの収穫が行われる。タマネギの可食部はりん葉と呼ばれ，葉の基部が肥大したものであり，このりん葉を春に植えると，ネギ坊主と呼ばれる小花の集まった花球が形成され，種子ができる。その時に，人為的に有望な系統同士を交配させて新しい品種を作出するのである。そのため，品種改良にはまずタマネギを栽培することから始める必要があり，二年草であるタマネギは一世代に2年の時間を要するため，研究には10年単位の長期にわたる時間を必要とする。

　研究に際して，世界中から300以上の品種を集め，2年間同じ条件下で栽培・分析を行ったところ，産地や品種によるケルセチンの含有量に大きな差異があることが判明した。ケルセチン含有量の産地による変動として，高緯度であるほど高含有であるため，ケルセチンの天然色素は植物を紫外線から身を守るために進化の過程で獲得されたものであると考えられる。

　そして1年目に高含有であった系統が2年目も高含有であったことから，含有量への寄与は遺伝的形質であることが判明した。また，超優性的に高含有の

図表4-4 ケルセチン

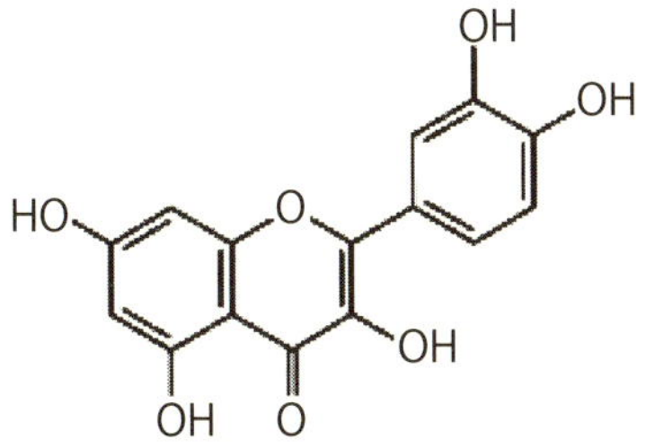

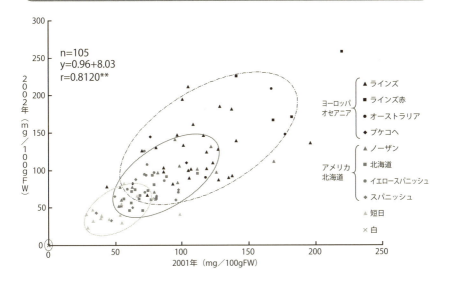

図表4-5 タマネギに含まれる遺伝的変異の品種格差と年次格差

系統が作出されるわけではないため，高含有の親系統同士を掛け合わせる必要があることが判明した。

さらに，よりケルセチンの含有量の高い系統を選抜し，生産拠点である北海道栗山町の気候に合うよう交配を重ね，さらに耐病性と収量性とを併せ持つ品種を探した。ただし，通常のタマネギと同じ色では見た目での差別化はできないため，赤タマネギの品種改良を行った。赤タマネギの赤色は，ケルセチンと

同様にフラボノイドの一種であるアントシアニンの色素である。ブドウなど，さまざまな植物に含まれる色素であり，強い抗酸化作用，視力改善効果などが期待されている。

最終的に，ケルセチンとアントシアニンの両方の機能性に加え，通常のタマネギとは異なった見た目を持つ赤タマネギの開発に成功し，「さらさらレッド」の名で商標登録を行った（岡本，2010）。

### 4.2.3　ブランド維持のための生産体制

さらさらレッドの生産にあたり重視されることは，生産の拡大ではなくブランドの維持である。農業とは，育種，植物生理，農業工学，気象学，経営学など多岐にわたる知識を必要とする総合科学であり，その中で品質を一定に保つことは非常に高度な技術を要する。「さらさらレッド」というブランドを長く維持するため，大きな市場は狙わず，品質を約束できるマーケットサイズで商いを行うのが適切であると考え，その方法を模索した結果，北海道栗山町の特産品として売り出すことが決まった。

2008年，「さらさらレッド」の生産にあたり，「さらさらレッド生産組合」を組織し，生産者8名で0.5haの作付けで32tを収穫した。組合メンバーに無償で種子の供給を行った上で，栽培規定に則って生産された収穫物を全量買い上げる契約栽培を行っている。「さらさらレッド」の買い取り額は通常のタマネギより1.5倍ほどの価格とした。このように，試行錯誤の末に全量買い取りとしたことより，「さらさらレッド」の流出を防止し，ブランドを守る栽培・収穫のモデルを構築した。

買い取った「さらさらレッド」は，直売や小売への販売，加工などを経て消費者のもとへ行き渡る。販売にあたって，種子代や生産コストを計算した上での販売価格を理解してもらえる小売店に販売を行っている。「さらさらレッド」は，みずから価格を決め，全国の百貨店や高級スーパーに売られる。加工作業の外部委託はせず，栗山町の中だけで行うことで，雇用の創出にも役立っている。

## 4.2.4 ビジネスモデルと模倣困難性の確立

「さらさらレッド」の開発において，高付加価値化と差別化を図るときに留意した点は，(1) 上流域での差別化を図る，(2) 大手企業など他社に真似されないための知的財産権を確保する，(3) 種苗，生産，流通，加工をトータルビジネスとして行う，という3点であった。

### 1 上流域での差別化を図る

製品の独自性を製品開発の段階で確立させることで，付加価値の所在をはっきりと製品に持たせることができ，高価格にすることができる。日本の従来型農林水産物は，製品の品質が横並びであったゆえに価格決定における劣勢を強いられてきた。それを解消するために，品種改良を行い，独自性を手に入れた。また，プロモーション活動，価格戦略，チャネル戦略での差別化に比べ，独自性のポイントを容易に示せるため，消費者にわかりやすく，強固な付加価値を付けることができるというメリットがある。

農業での競争力を種子の品種改良に求める場合，意に反する種子の流出を抑えることで独自性を維持できる。具体的には，品種登録など知的財産権の獲得による保護に加え，F1種として保護する方法がある。

F1種とは，雑種第一代と呼ばれ，その種の世代においてのみ安定して収穫物を取れる種子のことである。F1種の個体からは種子が採取しにくく，採取できたとしても品種改良によってつけられた性質を引き継がないといった特徴がある。したがって，F1種は毎年種苗会社から種子を購入する必要があり，農家の負担が増大するなどさまざまな問題が指摘されている。一方で，種子の権利を守るという点では，F1種は知的財産権以上に重要な専有方法である。特許権の取得により栽培技術の専有化を行い，F1種によって種子の流出を防ぐことが種子戦略の基本といえる。

### 2 知的財産権を確保する

農林水産物に適用可能な知的財産権は，①種苗法に基づく育成者権，②商標

法に基づく商標権・地域団体商標権，③特許権，④実用新案権，⑤意匠権がある。①育成者権は，品種の既存品種との区別性，同一世代種との均一性，世代を経ても同じ形質のものが生まれる安定性が認められた場合に登録を行え，登録品種を独占的に利用することができる権利である。育成者権は品種に与えられる知的財産権であるため，育成方法の特許権が与えられた場合，その方法による育種を制限することができないというデメリットが存在する。また，試験研究での種子利用や，法令での許容範囲での農業者による自家増殖を規制することができないといったデメリットも存在する。

②商標権は，製品やサービスのブランド名を商標として登録し，類似品の発生を防げる権利である。商標権のメリットとして，品種登録の行えない在来種名の登録が行えること，更新によって永続的にブランドを保護できることである。③特許権とは，開発技術の公開を条件に，特許技術を独占的に利用できる権利である。技術にまで制限を掛けられるため非常に強力であるが，権利期間が20年という有限性がある。④実用新案権は，特許技術のより簡易なレベルのものを対象としている。⑤意匠権とは，視覚的な特徴に知的財産権を適用したものである。農産物の著名な例として人面スイカがある。

いずれの知的財産権もそれぞれ差異があるが，共通の条件として技術等の保護される要件を公開しなければならないことが挙げられる。これを嫌い，あえて知財化せず，技術や製品情報をブラックボックス化する手段もある。この中で，「さらさらレッド」は商標登録を行っており，永続的にブランド名を保持することができる。

### 3 種苗，生産，流通，加工のトータルビジネス化

「さらさらレッド」の競争戦略は，小ロットで地域優位性を活かしたブランドを確立することであり，そのブランド確立の手段として，種子の品種改良を行った。バリューチェーンの最上流である種子のブランド化を実現させたことにより，価格決定権を得ることができた。このように品種の優位性は，価格決定における優位性となるが，品種の差別化だけでは高付加価値なブランドを形

成することは困難である．種子の開発から栽培，加工，流通に至るまでの過程を一貫して垂直統合し，それぞれのステップで付加価値を高め，トータルの収益から利益を配分する仕組みをつくることが重要である．

### 4.2.5　今後の展開：新たな品種の開発

　「さらさらレッド」のブランドは生産者の技術力に支えられている．現在，さらさらレッド生産組合員（北海道栗山町）は15名であり，一人当たりの作付面積を増やしてもらうという方法では限界がある．「さらさらレッド」は植物育種研究所の第一号種であるため，ブランドの低下を招くことは許されず，現状の生産量を維持することが限界である．

　そこで，「さらさらレッド」ほど生産に技術力を要せず，かつケルセチン含有量もひけを取らない新たな品種の開発を行った．それが「さらさらゴールド」である．「さらさらゴールド」は，タマネギの機能性素材であるケルセチンの含有量をより高めたタマネギである．「さらさらレッド」のような外見上の特徴はないが，機能性成分を「さらさらレッド」以上に含んでいる．

　「さらさらゴールド」は「さらさらレッド」に比べ生産が容易であり，収量性や保存性も高いため大規模生産に向いている．そのため，現在は「さらさらゴールド」の生産を三井物産株式会社と連携して行い，加工商品の開発を大塚製薬株式会社と行うなど，積極的に大手企業と連携している．2015年時点で，北海道北見市で年間200tの生産体制で行っているが，将来的には5,000tの生産にまで増大させる予定であり，精力的に開発投資が行われている．

　「さらさらレッド」は小ロットでのトータルビジネスによる高ブランド化を目指し，「さらさらゴールド」は大規模化を進めるという，それぞれの特性にあったモデルを築いていく必要がある．

### 4.2.6　おわりに：品種改良による競争優位性の確立

　今，健康志向への関心の高まりが機能性食材の開発を強く後押ししている．大規模な国のプロジェクトも動き始めている．農林水産省の主導により2013

年に開始された「機能性を持つ農林水産物・食品開発プロジェクト」は，①健康機能性を持つ農林水産物・加工品の開発，②新たな機能性やそれらの評価手法の開発，③機能性食品に関するデータベース，栄養指導システム，健康機能性食品の供給システムの開発を目的としたプロジェクトである。

　筆者の1人である岡本も「ケルセチン高含有タマネギによる認知機能改善」というプログラムで，初年度から当プロジェクトに参画している。

　規格性のある農林水産物の流通を第一目標とした日本の農産物流通インフラの弱点として，機能性食材のような非規格性の農林水産物の安定供給のための流通システムが確立されていない点にあった。それを補うシステムづくりの趣旨を含んでいることも，当プロジェクトの新規性の1つである。ただし，2013年時点では食品の機能性表示に制限が課せられていたため，農産物に機能性の表示は行えない状態であった。それを解消する手段として，2015年4月より機能性表示食品制度が始まり，健康機能の科学的根拠に基づいて立証がなされれば，加工食品ではない一般の農林水産物にも食品の機能性を表示が行えるようになる。機能性表示食品制度により，生産者側に一定の裁量が与えられ，それを後押しする供給システムがつくられることにより，機能性食材はより供給側にとって扱いやすくなり，市場の拡大が見込まれる。

## 4.3　川西産ナガイモの開発と高付加価値化

河野洋一

### 4.3.1　はじめに

　日本最大の食料供給基地として名高い北海道十勝地域は，北海道の東部に位置しており十勝平野が広がる日本有数の農業地帯である。そこでは恵まれた土地資源を活かし，大規模で機械化された生産性の高い農業が展開されている。十勝地域の農業の概要を他地域と比較すると，販売農家1戸当たりの経営耕地面積は35.2haと都府県平均の約24.8倍の規模になっている。乳牛飼養農家1戸当たり経産牛飼養頭数は74頭で，EU諸国の水準に匹敵する規模である。また，販売農家に占める専業農家の割合は全体の75％，都道府県平均の27％

を大幅に上回り，専業的経営が圧倒的に多い状況にある。

一方で，経営規模の拡大に伴う労働力不足や高齢化，後継者不足による担い手の減少が農家戸数の減少を引き起こし，これまでのような大規模な耕地を活用した大量生産・大量供給を可能とした農業経営の維持が困難になる恐れがある。このような状況の中，より収益性を確保した農産物の生産や，農産物の販路開拓など，農業経営の安定的な展開のためのさまざまな取り組みが行われている。

十勝地域の農業を概観すると，平成 26 年産農畜産物に係る十勝管内 24 農協の取扱高（概算）は，2,798 億円となっており，取扱高に占める耕種部門の割合は 43.8％，畜産部門が 56.2％である（図表 4 − 6）。耕種部門は畑作物と野菜，畜産部門は生乳，肉用牛の生産が主になっており，地域的には帯広を中心とする中央部では耕種の比率が高く，山麓部や沿海地域では酪農・畜産主体の経営になっている。また図表 4 − 7 に水稲，畑作物における北海道振興局別の作付面積を示す。これをみても十勝地域は相対的に大規模畑作生産を中心とした農業が行われていることがわかる。

一般的に北海道十勝管内を中心とした大規模畑作地帯においては，小麦，ばれいしょ，豆類，てん菜といった畑作物 4 品の輪作体系によって，地力・生産力の維持，病害虫対策，連作障害の回避を行ってきており，本節で取り上げる帯広市川西地域においても同様な傾向がみられるが，それに加え，ナガイモを

図表 4 − 6　十勝管内 24 農協における農産物取扱高・構成比

（単位：億円，％）

| 区分 | 取扱高 | 耕種 | | 畜産 | |
|---|---|---|---|---|---|
| | | 取扱高 | 構成比 | 取扱高 | 構成比 |
| 平成22年 | 2,380 | 1,048 | 44 | 1,332 | 56 |
| 平成23年 | 2,525 | 1,146 | 45 | 1,379 | 55 |
| 平成24年 | 2,630 | 1,224 | 47 | 1,406 | 54 |
| 平成25年 | 2,658 | 1,156 | 44 | 1,502 | 57 |
| 平成26年 | 2,798 | 1,225 | 44 | 1,573 | 56 |

出所：北海道「2014 十勝の農業」より。

図表4－7　北海道振興局別の水稲，畑作物の作付面積

(単位：ha)

| | 十勝 | 石狩 | 渡島 | 後志 | 上川 | 胆振 | 釧路 |
|---|---|---|---|---|---|---|---|
| 水稲 | 5 | 7,684 | 3,043 | 4,919 | 30,172 | 3,799 | ― |
| 小麦 | 46,400 | 9,600 | 85 | 1,730 | 13,100 | 2,090 | 233 |
| 豆類 | 27,246 | 3,048 | 776 | 3,317 | 8,275 | 2,680 | 1 |
| てん菜 | 25,400 | 949 | 126 | 1,220 | 3,560 | 1,550 | 295 |
| ばれいしょ | 22,300 | 708 | 914 | 4,060 | 3,210 | 546 | 461 |

| | オホーツク | 空知 | 留萌 | 宗谷 | 根室 | 檜山 | 日高 |
|---|---|---|---|---|---|---|---|
| 水稲 | 1,093 | 50,981 | 4,564 | ― | ― | 4,205 | 1,550 |
| 小麦 | 28,700 | 17,800 | 1,440 | ― | 23 | 730 | 50 |
| 豆類 | 3,965 | 8,066 | 908 | ― | ― | 1,774 | 125 |
| てん菜 | 23,800 | 537 | 426 | ― | 121 | 181 | 51 |
| ばれいしょ | 17,600 | 846 | 38 | 7 | 494 | 1,240 | 41 |

表注の「―」は作付実績なしを示す。
出所：農林水産省「作物統計調査」より。

中心にアスパラガスやスイートコーンなどの野菜類の生産も多くなっている。

　本節では，帯広市川西地域におけるナガイモ生産に関する歴史的展開および近年における概況を明確にした上で，現在，海外農産物輸出によってその生産量を拡大している帯広市川西地域におけるナガイモ生産の付加価値と専有可能性について整理する。

### 4.3.2　帯広川西地域のナガイモ生産の展開
#### 1　川西産ナガイモ

　十勝地域の中心作物である小麦，ばれいしょ，豆類，てん菜の生産においては，昭和30年代後半に始まる輸入食糧の増大で価格が低迷し，経営が悪化した農家の離農が相次ぎ，その土地を引き継いで規模拡大による収益性の維持・拡大を踏まえた経営改善が進められた。帯広市川西地域においても農産物の価格低迷，経営悪化による離農が増加し，管内の他地域と同様に経営耕地面積の拡大による収益性・経営の改善が求められるようになった。しかし帯広市川西地域は，十勝管内のほかの地域に比べ市街地に隣接しており，市街近郊地帯では地

価が高くて規模拡大が進まず，単純に規模拡大による経営改善は困難であった。そこで，当該地域の生産者は収益性の高い野菜の導入を目指すこととなった。

先述したように，畑作4品とされる小麦，ばれいしょ，豆類，てん菜による大規模畑作経営を伝統的に行ってきた十勝地域の生産者は野菜栽培の技術が無いため，試行錯誤を繰り返し，手探りで帯広市川西地域に適した品目の選定に取り組んだ。具体的な取り組みとしては，30戸前後の生産者が地域に適した栽培品目・品種選定を目的にした組織を形成し，にんじん，タマネギ，かぼちゃ，ナガイモ，アスパラガス，スイートコーン等の試験栽培に着手した。にんじん，タマネギ，かぼちゃについては，気象条件の差からどうしても道内他地域の主要産地の後を追うかたちとなり，再生産を維持できる価格に至らなかったため，栽培が避けられた。しかし，ナガイモについては気象・風土によく適合し，品質についても良い物を継続して収穫することができた。特に，ナガイモ生産には表土が深くて軽い火山灰土質や砂質土壌が生産に適しているとされており（川崎，2010），帯広市近隣地域においては，その土壌が火山灰とローム（砂や有機物で構成される肥沃な土壌）が積み重なってできた深い耕土であるとともに，適度な粘質を有しているため，ナガイモ生産に適した土壌条件であった。

数年の試験栽培ののち，産地形成するため次の項目を重点課題として取り組んだ。①ウイルス病に汚染されていない種イモが必要であり，種イモ生産体系を地域内に確立する，②圃場の造成から収穫までの一連の作業機械を導入し，ナガイモ作付面積の拡大を図る，③農協の貯蔵，青果の洗浄・選果施設の充実を図り増反に対応できる受入体制を整備する，④ナガイモ栽培技術の研鑽を図り収量，品質の向上に努める，の4項目である。

生産者も高齢者から若い後継者に変わり，経営を支える重要作目として家族経営での栽培管理に変わっていった。機械化体系の確立による生産量の拡大，種イモ生産体系の整備と栽培技術普及による品質向上，集出荷施設の整備，共選体制の統一などによって量，質ともに市場の評価が高まった。市場の評価が高まることでナガイモの一大産地として市場から特産地銘柄を得ることにより，消費地からは周年安定供給という物量面の期待が産地側に求められるよう

になった。全国各地への供給と，量販店への対応の中で数量確保が急務となり新規生産者の確保及び作付面積の増反が不可欠となった。産地形成にあたっては地域内のみならず農協・町村地域の枠を超えた広域体制を組み，昭和60年に「川西長いも運営協議会」を発足させた。現在では十勝管内の8農協（帯広川西，芽室，中札内，足寄，浦幌，新得，十勝清水，十勝高島）がナガイモ生産に参画し，帯広川西農協が一元集荷，多元販売を行うことで「十勝川西長いも」の通年供給体制を可能としてきた。

### 2 商標権取得による地域ブランド化

「十勝川西長いも」は，生産者による栽培技術の確立と農協による品質管理の徹底等により，市場，仲卸，大手量販店等から高い評価を受けるようになり，「十勝川西長いも」のブランドが確立された。ブランド価値が高まる中，ほかのナガイモ産地との明確な差別化，販売先からのさらなる信頼の向上を目的に，商標権の取得を目指した。このことは，帯広市川西地域におけるナガイモ生産を全国的なブランドとして位置づけ，既存の生産者のさらなる収益性の向上と新規にナガイモ生産に取り組む生産者への生産意欲の向上を期待するとともに，商標権取得が「十勝川西長いも」のさらなる品質向上につながると考え，登録出願の検討を始めた。帯広川西農協では，平成18年4月の商標法改正とともに，商標登録出願を行い，同年11月に，北海道初の地域団体商標として登録されることとなった。現在では同農協が管理している種イモを用いて，帯広市川西農協および近隣7農協で生産されたナガイモを，「十勝川西長いも」として流通させることで広域産地ブランドを形成している。

また，ナガイモ生産者による生産組合では，「種イモを外部に流出させない」，「帯広川西農協に一元集荷する」等の規約を自主的に作成し，「十勝川西長いも」のブランド価値の維持のため，広域の産地が一丸となって品質管理に取り組んでいる。このほか，帯広川西農協では，ナガイモを含めて，「安心・安全な農産物づくり」を掲げ，生産基準の策定，生産履歴の記帳・確認，残留農薬検査の実施により，安心・安全管理を行っている。

このような緻密な栽培管理を経て生産されたナガイモは，同農協が所有するナガイモの洗浄・選果施設において洗浄・規格選別され，全国に通年出荷される。平成20年には，ナガイモの洗浄・選果施設がHACCP認証を取得し，品質管理のさらなる徹底を行い，取引先からの信頼の確保に努めている。

### 4.3.3　種子ナガイモ生産の特殊性

ばれいしょやナガイモ生産においては，ウイルス病や害虫を防除することが安定的な生産の第一条件ともいえる最も重要な課題である。農産物生産における病気，害虫の一例を取り上げると，病気としては炭そ病，葉渋病，根腐れ病，褐色腐敗病，ウイルス病，害虫として，ヤマノイモコガ，ヤマノイモハムシ，コガネムシ，アブラムシ類などが挙げられる。ナガイモ生産においては，特にウイルス病とそれら病気を伝染させる害虫であるアブラムシなどがナガイモの生産を阻害する要因であり，これらの病害虫問題を解決するため，農薬散布や害虫駆除，土壌改良資材の投入，輪作体系の適正化などが，安定的なナガイモ生産，収益性を高めた農業経営における重要な作業技術のひとつである。

**1 種イモ生産体制の確立と農協の取り組み**

前述したように，昭和30年代の農産物の輸入増加による農産物価格の大きな下落変動を契機に，収益性の向上を目指し組織された生産者組織は，当時道内で最大のナガイモ生産地であった北海道夕張市から導入した種イモをベースに個体選抜を繰り返し行った。昭和40年代に選抜された優良品種を育種することで種イモの品種固定化を行い，種イモの生産体制を確立した。さらに昭和55年には1系統の優れた種イモを地域内に普及できるまでに生産体制が確立した。現在では，良形とされる「とっくり型」をした均一で形質の優れた形状を特質として持ち，ウイルスや病原菌に侵されていない無病種イモの確保のため，基本種をJAが管理する試験圃場で栽培している。このような種イモの生産には6年の歳月をかけて青果用に至るまで増殖を繰り返しており，6年間の種イモ生産から青果ナガイモの生産までの全工程において罹病株の共同抜き取

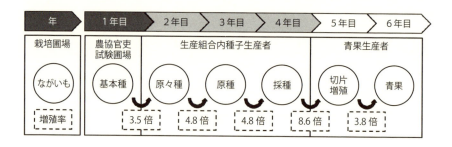

図表4－8 「十勝川西長いも」の生産工程

り実施などを通じ，ウイルス病の撲滅に全力を挙げてきている。

　現在では，種イモ生産圃場はもちろん青果ナガイモ生産圃場についてもウイルス病はほとんど見られなくなっている。図表4－8には，種イモ生産から青果ナガイモ生産までの各段階における生産工程について整理したものを示しているが，「十勝川西長いも」の種イモのすべてのもとになる種子は帯広市川西農協が所有する試験圃場でのみ生産されており，ここでは完全にほかの圃場と隔離し無病状態になるよう網室を設置し，ウイルス病の感染を回避している。試験圃場の網室で生産された基本種をもとに，生産組合に所属する種芋生産農家は原々種，原種，採種までの生産を行い，種イモを増殖させている。

　種イモ生産に関する取り組みはウイルス病の撲滅を目指した取り組みだけではなく，青果としてのナガイモの価格安定化のための規格の安定化を目指すといった目的も存在する。十勝管内においてナガイモ生産に取り組む各地域の農協で，管内のナガイモの形を規格統一しようと種イモ栽培の希望者を募ることで，「長芋種子委員会」を設立し，良質な種イモの生産に力を入れている。元来，十勝地域においては先述したとおり畑作4品目の生産技術の蓄積があったため，同じくイモ類・地下茎農産物であるばれいしょの種イモを作る体系がすでに整備されており，そのノウハウを応用することでスムースな種イモ生産が行われるようになった。

第4章　地方食品産業のイノベーションモデルの探求　81

### 2 青果ナガイモ生産者におけるウイルス病防除の取り組み

　青果ナガイモ生産者に配布された種イモはそのものを生産に使用するのではなく，切片増殖という工程によって配布された種イモの自家増殖を行う。切片増殖とは，配布された種芋を8等分程度に切り分け，消毒したのちに青果用種イモの生産を行うことである。配布された種イモを8〜9倍程度まで増殖させたのちに，青果ナガイモ生産に取り組むのである。

　青果ナガイモ生産における重要な作業のひとつが，春の定植前に種イモを出芽させる「催芽（芽だし）」という作業である。前年に収穫した1年目の若くて良質な種イモを2℃〜3℃で保たれた定温庫で保管する。3月下旬頃，定温庫から出した種イモに付着した土をブラシや水で落としてから1本の長イモを5〜6個程度に輪切りし，直射日光と湿度のかからない一定温度の場所で，切り口を乾燥させる（コルク化）。コルク化を行うことで，種イモの腐敗を避けるとともに，ウイルス病の回避も可能となる。切り口が乾燥したら湿度と温度を調整し，芽が大豆粒程度の大きさに成長するまで催芽（芽出し）作業を継続する。

### 4.3.4　まとめと専有可能性の確立

　農産物価格の低迷によって，収益性の高い農産物生産に取り組むこととなった帯広市川西地域の生産者は，地域に適した栽培品目としてナガイモを選択し，より効率的に生産するために農協や生産者による組織でさまざまな技術の研鑽を行い，ナガイモの効率的な生産方法を確立してきた。特に，イモ類の大敵であるウイルス病への対策がナガイモ生産の最大の課題であったが，生産者，農協関係者らが技術研鑽を重ねたことによって，独自の栽培技術，管理技術を用いた厳密な栽培管理による種イモ生産を可能とした。このような取り組みによって，ナガイモ生産による安定的な農作物生産を達成し，収益性を高めた農業経営の展開が可能となった。現在では十勝管内8農協が帯広市川西地域で生産された種イモを基本種として青果ナガイモの生産を行っており，今後も生産者の増加が見込まれる。

　また，商標権の取得によって，帯広市川西地域で生産された種イモは「十勝

川西ながいも」を生産する地域以外への持ち出しが禁止されていることから，独自技術の活用によって生産された種イモは地域内で保護されており，価格の安定化を促していることがわかる。このことは，独自技術の開発によるナガイモ生産の専有性の確保につながっている。現在，「十勝川西長いも」はシンガポールや米国などへの輸出の取り組みも増加しており，帯広市川西地域をはじめとした十勝地域でのナガイモ生産は，地域農業の専有化の先進的な事例として位置づけることができるであろう。

## 4.4　地方製粉会社による新品種開発とブランド化

遠藤雄一

### 4.4.1　製粉業の概要

　機械製粉による製粉業が民間企業によってはじめられたのは明治中期からである。当時，小麦ではなく，小麦粉そのものを欧米から輸入していた。明治後期になると小麦粉の需要が増大し，輸入した小麦を国内で製粉することが急速に進んだ。

　1942年には食料事情の悪化から食糧管理法が施行される。米とともに麦も政府の管理下におかれるようになった。戦後は欧米から食糧援助として輸入された小麦を，政府からの委託加工として製粉生産することになる。現在の国内製粉業は政府管理下の委託加工制度に端緒をみることができる。当時の製粉会社の収入は政府からの受託加工賃によるものであった。

　こうした経緯を経て日本各地で製粉工場が設立されるようになる。製粉会社数は1949年に約3,500社を数えるまでになった。1952年には食糧管理法を改定し，委託加工制度の廃止，原料買取加工制へと移行する。政府による直接統制から間接統制への移行である。輸入小麦は政府が全量買い取りし，製粉会社へ売却する。そして小麦粉は自由販売ができるようになった。これまでと異なることは，製粉会社に小麦の買取資金が必要になったこと，そして自由販売により同業者間の競争が余儀なくされたことである[1]。

　1995年には食糧管理法に代わり，「主要食糧の需給および価格の安定に関す

る法律（新食糧法）」が制定される。1998年には「新たな麦政策大綱」が農林水産省によって策定され，2000年度から実施された。輸入小麦については政府主導で行うが，国産小麦については民間流通に移行し，相対取引により当事者間で価格を協議することになった。

　小麦農家には政府から麦作経営安定資金などが用意されてはいるが，相対取引に移行したため自助努力が求められることになった。地方製粉会社は一般に近隣小麦農家から原料調達を行うことが多い。そのため，近隣小麦農家の生産性および品質の向上は，地方製粉会社の競争力に直結する。

　振り返ってみると製粉会社は1949年に約3,500社あったが，直接統制から間接統制への移行で1957年には約700社程度にまで減少した。その後も合併あるいは吸収を経ながら，1965年には434社，1975年には203社，1985年には161社，そして1995年には141社にまで減少している。2013年は90社である。こうした中，大手製粉会社のシェアが高まりつつある。製粉大手4社のマーケットシェアは約75％となっている。

　現在，国内で消費される小麦は，輸入小麦が約85％，国産小麦が約15％であり，国産小麦の6割近くを北海道が生産している。その中でも最も生産量の多い地区は十勝地区であるが，いち早く小麦のブランド化に着手したのは道央圏にある江別市であった。江別市は道央圏では有数の小麦生産を誇り，1998年8月に江別麦の会を発足，「麦の里えべつ」をPRするなど，農商工連携88選に選ばれている。

　現在のところ，北海道の専業製粉会社は横山製粉株式会社，木田製粉株式会社，そして江別製粉株式会社（以下，江別製粉）の3社である。本稿では，その中から江別市の小麦のブランド化をテーマに江別製粉の事業展開について考察する。

---

1）　戦後の製粉会社勃興と衰退についての考察は，以下の文献で確認できる。
　　池元有一（2007）「食糧危機下の製粉業―委託加工制の歴史的意義―」『東京大学ものづくり経営研究センター　ディスカッションペーパー』2007-MMRC-172。

### 4.4.2 江別製粉のあゆみ

江別製粉は全国各地に製粉工場が設立した1948年に，先代の安孫子安雄氏（以下，安雄氏）によって創業された。当初は，委託加工制度のもと製粉業を生業としていたが，経営的には厳しいものがあり，米や大麦（押し麦）の加工まで行っている。

1964年に設備を近代化（ニューマ方式製粉工場）する。新設した工場により，品質，価格競争力も高まった。食糧管理法の改定により，小麦の買い取りや小麦粉の自由販売がはじまり，製粉会社の淘汰が進んでいた頃のことであった。淘汰された多くの製粉会社と同様に脆弱な経営基盤であったが，安雄氏のこの判断により経営は軌道に乗ることになる。

これまで製麺メーカーなどの2次加工メーカーを対象にした販売であったが，1976年からは「おやつイン」などの一般消費者向け家庭用商品を手掛ける。一般消費者向けの小麦粉やミックス粉などの家庭用商品は大手製粉会社の市場であった。その市場への参入である。1987年には自動パン焼き機専用粉，1990年には「はるゆたかスパゲティ」，1990年には「北海道小麦100％商品シリーズ」と積極的に家庭用商品を発売する。

1992年にはパンの製造販売を手掛ける「（株）北海道フードプラン」を設立する。1998年には「第1回全国焼き菓子コンペ98 in 江別」を共催し，そのときの実行委員会のメンバーと「江別麦の会」を発足する。1996年に現社長である安孫子建雄氏に交代している。2003年には包装・小袋ミックスの総合加工工場が完成し，2004年にはオーダーメイド小麦粉生産システム（F-ship）を稼働させる。F-shipとは同社が開発した小型製粉プラントであり，通常のプラント（約10トン）の機能をそのままに設備規模を縮小し，最低500kgの小ロットから製粉できるようにしたものである。F-shipによって2007年に経済産業省「第2回ものづくり日本大賞　ものづくり地域貢献賞」を受賞し[2]，2008年には中小企業庁「元気なモノ作り中小企業300社」に選定された[3]。

---

[2]「小ロット生産により小麦粉のブランド化に寄与する世界初の小規模製粉プラント」
　http://www.hkd.meti.go.jp/hokis/monojapan_2nd_r/list.htm

昨今では2014年に「北の小麦　未来まき研究所」を設立した。小麦貯蔵施設と研修室を持っており，研修室は小麦農家・2次加工メーカーなど，小麦に関わるさまざまな人々が学ぶ場としている。

### 4.4.3　経営の視点の変化

　江別製粉のあゆみから整理する。これまで述べてきたように，当初は生産設備の近代化を進め，製粉会社としての基礎力向上，フィジカル強化に努めていた。その後，消費者，そして取引先との関係を構築，強化に乗り出している。すなわち，経営上の主要な対象が，1970年代半ばまでは生産設備の近代化，1970年代半ばから1990年までは消費者との関係構築，1990年からは道産小麦の広報活動と取引先との関係強化である。

　創業した当初は食糧管理法により，小麦の売買は統制されていた。1952年には食糧管理法が改定されるが，その後も間接的な統制が行われており，輸入小麦は政府の買い取り，国産小麦は政府が価格設定をしていた。そのため，製粉会社は小麦の調達に容喙することはできなかった。したがって，大手製粉会社と遜色ない生産設備を整え，生産コストの低減と品質の安定化が重要な経営課題であったのだろう。

　ところで，最新設備によって生産コストを低減できるとはいえ，それに見合った販売がなくてはならない。製粉会社の数は1947年には約3,500社あったものが，1957年には約700社にまで減少している。同社は1964年，工場の近代化に乗り出すわけだが，製粉会社はその翌年には434社にまで減少している。非常に大きな決断であったことだろう。積極的な設備投資を行うことができたということは，それを支える顧客がいたことにほかならない。多くの取引先と良質な関係を築き，信頼される会社であったことが推察される。1976年以降，一般消費者向けの商品開発に乗り出しているが，近代化への投資を回収するための同社の市場開拓という意味合いもあったのだろう。

---

3）「オーダーメイドに対応した少量多品種型製粉のトップメーカー」
　http://www.chusho.meti.go.jp/keiei/sapoin/mono2008/

図表4－9　江別製粉の流通過程

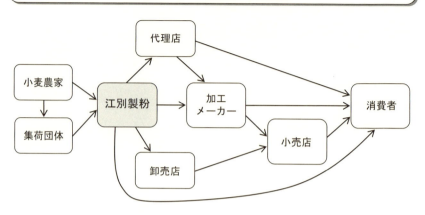

　その後，近代化された設備，そして取引先を引き継いで，建雄氏が社長になる。今日の結果から見ると，建雄氏は国産・道内産小麦を求める顧客を前提に，同社を流通チャネルの中心に位置づけたことにある。

　地域製粉会社が国産小麦によって大手製粉会社と差別化することは，江別製粉に限ったことではない[4]。また，中小製粉会社が生き残るためには，業務提携や協業化，あるいは共同事業などが必要との指摘もある[5]。しかし，これも提携先あるいは協業先主導で，従属的な関係ならば一時的な効果があったとしても，持続的な競争優位性は得られない。

　詳しくは以降に譲るが，同社では1976年に一般消費者向けの小麦粉「おやつイン」を発売して以来，小麦粉に対する消費者の声を取り入れる仕組みを取り入れた。これによって，川上，川下の取引先との提携あるいは協業において

---

[4]　玉井邦佳・飯澤理一郎（2002）「道産小麦の需給動向と需要開拓に関する一考察―北海道中小製粉A製粉（株）を事例として―」『北海道大学農經論叢』第58号，145-155頁。
　　渡久地朝央（2010）「国内製粉業の変遷と中小製粉会社の動向」『商学討究』第60巻第4号，143-158頁。
[5]　中村光次・清水徹朗（2000）「小麦制度改革と製粉業の課題―新制度への対応が迫られる小麦産業―」『農林金融』9月号，32-47頁。

も，対等あるいは主導することが可能になった。それまでは取引先である2次加工メーカー，卸売店，あるいは代理店からの情報や要望に依っていた。これ以降，建雄氏は同社が主体的に小麦農家や消費者の情報を収集し，それを活用できる会社へと変貌させた。現在の同社は流通チャネルの中心として，小麦農家から消費者までのすべての情報を網羅し，関与しており，それが江別小麦のブランド化の契機になったといえる。

### 4.4.4　消費者との接点

　消費者の購買行動は，高度経済成長の終焉，オイルショックを契機に変化したといわれている。「どことなく洗練された感覚を持つ消費者，厳しい選択眼を持った消費者，ゴーイング・マイウェイ，倹約型消費，二つの財布を持つ消費者[6]」。これは日本経済新聞社が1975年に発刊した『消費者は変わった"買わない時代"の販売戦略』のはしがきで述べたものである。日本経済新聞社と日経流通新聞編集部が高度経済成長期の終焉を期に，消費者調査を実施し，消費者の価値観の多様化を読み取り，今後の日本の消費者について語ったものである。そこでは消費者のニーズをつかみ，フィードバックして商品開発を行うこと，取引先企業が手を結んで垂直統合を実現することが必要だと結論づけた。

　江別製粉は1976年から一般消費者向けの「おやつイン」などの家庭用商品の発売をした。1986年にはフリーダイヤル[7]を導入し，消費者と直接繋がるパイプをつくることになる。現在ではメーカーがフリーダイヤルを持つことは当然のことであるが，消費者向け商品が主力ではない地方の中小製粉会社である。フリーダイヤル開始直後の導入は画期的なものであった。1987年には直接消費者と繋がる代金引換通信販売をはじめる。これを機に商品を通して消費者と双方向で繋がることが可能になった。

　当初は売り上げ向上を目的に，市場開拓として消費者向けの商品の販売に踏

---

6）　日本経済新聞社編（1975）『消費者は変わった"買わない時代"の販売戦略』日本経済新聞社．
7）　1985年12月に日本電信電話（NTT）によってはじめられる．

み切った。現状において家庭用商品の総売上に対する割合は 10 〜 15％であることから，必ずしも当初の目論見通りの成功とはいえないだろう。しかし，消費者向けの商品開発が消費者ニーズの把握に役立ったといえる。

同社の消費者向け商品での一例を以下に示してみる。発売当初,「おやつイン」では輸入小麦を使用していた。ところが消費者から国産小麦を使用した商品の要望が届けられる。国産小麦では家庭でホットケーキを作るとき，ふんわりとした食感にすることが難しいからだ。

輸入小麦を使用することは，消費者の立場からも最良の選択であっただろう。消費者の声から，1986 年「おやつイン」は国産小麦を使用したものに変更し，これ以降，国産小麦を使用した消費者向け商品の開発を続ける。1990 年に発売された「北海道小麦 100％商品シリーズ」は同社の代名詞的な商品となる。

消費者の声に耳を傾け，それに応えた商品を生産し，販売する。それによって取引先に合わせた小麦粉の配合の提案や地元小麦をブランド化したい自治体などとの協働を同社が主導することが可能になった。またこれは小麦農家に対しても同様である。消費者の声を小麦農家に伝え，小麦農家の声を消費者に届けることも可能にした。

### 4.4.5　ハルユタカ〜幻の小麦〜

#### 1　ハルユタカとは

日本の消費者は比較的柔らかい弾力のあるパンを好むとされる。現在収穫されている国産小麦の中でもグルテンの含有量が多く，小麦粉にすると限りなく強力粉に近い性質を持っているのがハルユタカである。その国産小麦ハルユタカの一大産地が江別市であり，生産量の 8 割以上を占めている。

ハルユタカは 1985 年に北見農業試験場で育成した春まき小麦である。国産小麦の中で日本人の好みに近いパンや麺を作ることができる小麦といわれている。それ以前には製パン適性に適したハルヒカリもあったが，倒伏しやすく低収性であった。ハルヒカリは収量，品質ともに安定しないことなどから，1970

年頃から栽培されていたが 1980 年代半ばには衰退していった。

　ハルユタカはその「ハルヒカリ」と「Tob-8156(R)」，そして「Siete Cerros」と「Pal 1」を人工交配させ，選抜固定を図ったものである[8]。「Siete Cerros」，「Tob-8156(R)」はメキシコ育成，「Pal 1」はコロンビア育成の品種である。

　ハルユタカの研究開発者の一人である前野氏によれば，製パン適性は最高品質を誇るカナダ産の血を引くハルヒカリに一歩譲るが，ハルユタカはハルヒカリよりも 20 センチ以上茎が短く，多肥栽培でも倒伏しにくく，多収であるという特徴を持つ[9]。交配したメキシコ系統の矮性遺伝子（草丈を短くする働きのある遺伝子）は元をたどれば日本の「農林 10 号」に由来する。農林 10 号は「緑の革命」と呼ばれ，世界各国の小麦収量を飛躍的に伸ばした品種である。海外で評価された日本の遺伝資源を逆輸入し，ハルヒカリと交配させることでハルユタカは誕生した。

　ハルユタカの開発当初は，輸入小麦と比較して蛋白含有量は輸入小麦よりも高いものの十分な製パン適性はないと判断されている。それに対して，製めん適性は優れているという結果であった。それでも国産小麦の中ではもっともパンの製造に適している，そして輸入農産物におけるポストハーベスト（輸出する場合に使われる収穫後に散布する農薬）などを嫌う消費者から大きく期待されることになる。

　だが，ハルユタカは雨に弱く，収穫直前に雨が当たると子実粒が発芽（穂発芽）をはじめてしまうという欠点があった。春まき小麦の収穫時期は 8 月であるが，比較的雨が降る時期である。そのため，安定した収穫量を望めず，小麦農家が敬遠する「幻の小麦」と呼ばれるようになった。

---

8）尾関幸男・佐々木宏・天野洋一・土屋俊雄・前野眞司・上野賢司（1988）「春播小麦新品種「ハルユタカ」の育成について」『北海道立農試集報』第 54 号，41-54 頁。

9）前野眞司（2000）「ユーザーに大人気，超多収品種「ハルユタカ」も穂発芽には勝てず」『北海道小麦今昔物語——北海道の小麦アラカルト 100 余年——』ホクレン農業事業本部　農産部麦類課，93-95 頁。

## 2 江別市とハルユタカ

　道央圏に位置する江別市の小麦の生産量は，十勝地区と比較して規模の小さいものである。そのため，必然的に規模の経済性を求めるよりも，特徴のある小麦，そして求められる小麦を作ることに方向づけられた。「規模の経済性を求めることができる地区と同じモノを作っても差別化できない」がそれである。

　1991年，かたおか農園の片岡弘正氏が春まき栽培であるハルユタカを初冬にまき，前年の2倍近い収量と品質向上を実現した。地元の農業改良普及員だった岩谷繁氏が，野草が積雪前に種を落とすことにヒントを得た技術であったという。生育段階を前倒しにすることで赤かび病や収穫期の穂発芽を防げる[10]。現在では江別市のみならず，他市町村でも初冬まきは浸透してきている。

　初冬まきは収穫期が早まり，雨の多い時期を回避できる利点があったが，種をまくタイミングに難点があった。ハルユタカは「不良な土壌環境地帯では本系統の能力を十分に発揮できない」，「晩播[11]では千粒重[12]外見品質の低下」などの問題がある[13]。根雪になる直前にまくのであるが，その時期は毎年異なる。種をまく11月は雨が多く畑の状態が良くなく，タイミングが早すぎると根雪前に芽が出てしまう。また，土壌が凍結したり，春先の融雪水で種が水没すれば芽は死んでしまったりする。

　試行錯誤する初冬まきではあったが，1998年に生産者である小麦農家，江別市農協，江別製粉をはじめとする小麦を必要とする加工メーカー，そして研究者などからなる「江別麦の会」が発足する。同会で積極的に互いの情報が交

---

10) 広報えべつ，江別市，2004年9月号，2-5頁。
11) 遅播きのこと。
12) 千粒重とは子実を用いる農産物などの品質を決める指標の1つである。
13) 道総研農試の育成品種（麦類），ハルユタカ，成績より http://www.agri.hro.or.jp/center/kenkyuseika/gaiyosho/S60gaiyo/1984029.htm
　　「ハルユタカ」の特性等については以下の文献を参照のこと。
　　尾関幸男他（1988）「春播小麦新品種「ハルユタカ」の育成について」『北海道立農試集報』第58巻，41-54頁。

換されたことから，次第に初冬まきのハルユタカは安定した収穫量と品質を確保できるようになった。2014年には江別市内89戸が約341ヘクタールで生産し，収穫量が約1,356トン，そのすべてが1等（最上質）となっている。

### 3 江別製粉とハルユタカ

江別製粉としては1952年に小麦の間接統制に移行したころから，地元農家を回り，関わりを強くする。当時は相対取引できる環境ではなかったため，地元江別産の小麦だけを購入することはできなかったが，国産小麦ではできるだけ地元江別産の小麦を入手する努力をしていたという。地元農家に密着した経営方針は初期の段階からはじまっていたといえる。

1986年から消費者向けの国産小麦商品を大幅に拡充した。そのためには品質が良く，安定した国産小麦を入手する必要がある。同社では以前よりも積極的に小麦農家を回り，消費者の声を小麦農家に届け，また小麦農家の声を聴き，同社の姿勢や商品を説明して歩いた。

このように小麦の相対取引がはじまる30年以上前から関係構築に乗り出しており，それが江別市でのハルユタカの普及に繋がった。当時は主食米の生産調整から小麦に転作する農家が多くあり，また輸入小麦と比較して道産小麦の評判は良くなく，輸入小麦に道産小麦を混ぜて使うという状況にあったという。同社は小麦農家に自家小麦で作った商品を実際に見せることで，意識改革を促した。「北海道小麦100％商品シリーズ」の発売は消費者のニーズに応えたものではあるが，小麦農家にも大きな効果をもたらしたといえるだろう。

なお，この時期に建雄氏はハルユタカに関心を持ったという。当初，ハルヒカリを考えたが，生産が減少していたことからハルヒカリを交配したハルユタカに関心を持ったようである。ハルユタカの普及ではポット栽培業者とともに小麦農家を回ったこともあったそうである。

同社は消費者のニーズを把握しており，古くから小麦農家と関係を構築している。同社がハルユタカに関係する人たちを繋いだ。官・学，農商工連携の先駆的取り組みといえる「江別麦の会」を主導することになる。その後，2014

年には小麦農家をはじめ，加工メーカーなど小麦関係者が集まり学ぶための「未来まき研究所」を設立する。

### 4.4.6　江別小麦のブランド化

江別麦の会は1998年に実施した「第1回全国焼き菓子コンペ98 in 江別」の成果をもとに，江別の麦の需要拡大等を図ることを目的に発足した。当時，江別市経済部部長だった久保泰雄氏のアイデアをもとに「第1回全国焼き菓子コンペ98 in 江別」を実施した。全国の菓子職人に道産小麦粉を送り，それを使用した焼き菓子のコンテストである。目的は道産小麦の販路拡大にあった。その主導的な役割を果たしたのが江別製粉である。

先に述べたとおり，江別麦の会のメンバーは「第1回全国焼き菓子コンペ98 in 江別」の実行委員会のメンバーである。具体的には小麦農家，同社をはじめとする小麦を使用する加工メーカー，そして研究者である。江別市経済部農業振興課を事務局とし，農・産・学・官で構成されている。企業は消費者の意見を取り入れて商品開発し，それを小麦農家にも反映することを目的としている。

また，江別市では異業種交流グループ「江別経済ネットワーク[14]」が2002年に発足した。第1回ミーティング（2002年）では株式会社菊水（以下，菊水）によるハルユタカを使用した「江別の麺の事業化」が提案された。それは2004年に実現し，「江別小麦めん」が江別市内の飲食店にて提供されている。もともと製めん特性の高いハルユタカを使用しており，評価は高い。その後，消費者向け商品が開発された。

「江別小麦めん」は菊水と同社をはじめとする農商工業者が連携して築き上

---

14) 江別経済ネットワークは，北海道江別市の地域経済の活性化を目的とする産学官連携組織で，2002年9月に発足した。「積極的な情報交換と人的交流を促進する場」と位置づけ，産学官連携に基づく交流や共同研究などにより，新規産業の創出や既存企業の高度化などを図り，新製品の開発や雇用拡大などにつなげるべく活動している。江別経済ネットワークHPより（http://ebetsu-city.jp/k-net/）。

げたものである。前年に収穫された江別産小麦のおいしさを最大限に活かした麺になるよう，江別経済ネットワークがその年ごとに試食を重ね，品種をブレンドしている。初年度はハルユタカ，ホロシリコムギともに50％ずつ，2011年版はハルユタカを50％に，ホロシリコムギときたほなみのブレンドで配合されている[15]。

ちょうど「江別小麦めん」を企画していた頃，江別製粉ではオーダーメイド小麦粉生産システムであるF-shipが稼働した。建雄氏によれば，遡ること数年前から少量生産の設備を検討，北海道外の製粉機械メーカーと地元機械加工業者が共同で試作したという。単に少量生産できるだけではなく，製粉量に応じた製粉コスト，そして少量でも品質を維持することに注意を払ったプラントである。消費者のニーズから取引先に専用の小麦粉の配合を提案し，それを実現する設備が完成した。

それまで専用の小麦粉は原料小麦およそ10トン単位で取引するユーザー以外には対応できなかった。また小麦農家を特定した，いわゆる「顔の見える」小麦の製粉も不可能であった。F-shipの完成により，町のパン店の要望にも応えることができるようになった。地域や生産者，また取引先別の製粉ができる小麦粉づくりを可能にした。

江別麦の会は農林水産省の平成18（2006）年度「立ち上がる農山漁村」[16]（取組名称：「麦の里えべつ」―小麦でつながる産学官民・広域ネットワーク）に選定され，2008年には「農商工連携88選」の「「新商品の開発」の取組（農畜産物を活用したもの）」として，「地場産小麦から高品質な麺を開発～高品質小麦「ハルユタカ」復活の江別小麦ものがたり～」[17]として選定された。

図表4－10は「農商工連携88選」に提出された図である。江別製粉はその

---

15) 江別市HP，「「麦の里えべつ」キャンペーン実施中」より
 http://www.city.ebetsu.hokkaido.jp/soshiki/shoko/2242.html
16) 平成18年度「立ち上がる農山漁村」選定事例一覧
 http://www.maff.go.jp/j/nousin/soutyo/tatiagaru/t_jirei/h18/
17) 農商工連携88選 事例一覧，農林水産省・経済産業省，平成20年4月4日
 http://www.chusho.meti.go.jp/shogyo/noushoko/2008/download/08040403_88jirei.pdf

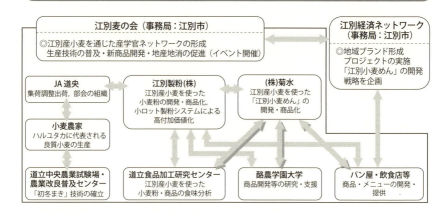

図表4－10 「江別小麦めん」の地域ブランド形成プロジェクト

中心的役割を担っている。

### 4.4.7 まとめと江別製粉の課題

　幻の小麦と呼ばれたハルユタカの一大産地が江別市であり，生産量の8割以上を占めている。これには江別製粉が果たした役割が大きい。昨今，地域ブランド，農商工連携などが地域活性化のトピックになっている。同社はそうした時流に合致しているといえるが，それは，それまでの同社の事業展開の結果として可能になっている。繰り返しになるが，地元江別市の小麦農家との関わり合い，高度経済成長期後の消費者向けの事業展開，小麦農家とともにハルユタカの安定栽培を目指した。この過程から通常プラントとほぼ同レベルのコストで生産できる小型製粉プラント（F-ship）の必要性を見出す[18]。

　本稿で特に強調しておきたいことは，小麦農家との関わりについてである。先に述べたとおり，江別市はハルユタカの全生産量の8割を誇る。官と学から協力があったとはいえ，同社が小麦農家と取引先とそれらを繋いだ。小麦農家との強固な繋がりが，江別製粉が求めるハルユタカの普及に繋がり，取扱量で

---

18) F-ship の製造コストは通常プラントの数分の1とのことであり，今後の同社のリスク軽減にも役立つ。

トップシェアを持つに至った起因といえる。

　ところで，イタリアにはインパナトーレ（Impannatore）と呼ばれる企業群がある。インパナトーレは市場に対する情報網を有し，専門会社，職人を束ねている会社であり，商品を企画し，最適な専門会社，職人に製造を依頼し，顧客に提供することを生業とした企業である。基本的にインパナトーレは製造業ではなく，コーディネーターである。インパナトーレと専門会社，職人の関係は下請ではなく，対等なパートナーである。したがって，インパナトーレは，①市場動向を適切に判断できる情報を持つこと，②優れた企画立案能力があること，そして，③優れた専門会社や職人をパートナーとして持つことの3点が重要である。③を小麦農家に置き換えると，同社は製粉会社ではあるが，インパナトーレに近い事業体であるといえるかもしれない。

　同社および江別市の課題を2点挙げたいと思う。1点目は，多分に漏れず小麦農家の高齢化と後継者問題にある。ほかと同様に大規模化が進み，ハルユタカの作付面積は増加しており，初冬まき技術の標準化により収穫量も増加傾向にある。しかし，ハルユタカ生産農家の戸数は減少の一途を辿っている。

　ところで，国，地域の競争力の視点からクラスター論がある。Porter（1998）はクラスターとは特定分野における相互に関連した，企業と機関からなる地理的に近接した集団と定義した。これは特定の事業分野で突出した成功を収めるために必要な条件であると指摘し，産業集積，そして競争と協力の重要性を説いた（Porter, 1998）。

　その上で，クラスターの持つ優位性はイノベーションや新規事業の形成にあると指摘する。小麦農家を含めた産業クラスターという視点から見れば，同社の小麦農家との関係と事業展開にそれを確認できる。したがって，同社にとって江別市小麦農家の衰退は最も注視すべきことであろう。それを前提にクラスターを「江別市」から「北海道」に広げることも考えられるが，江別市小麦農家と同質の関係を構築することは困難であると思われる。

　2点目の課題であるが，幻の小麦であるハルユタカも，いずれは優れた新品種の台頭により，交代を余儀なくされるだろう。優れた技術を持っていたため，

新技術に移行できずに衰退してしまう企業の事例は枚挙にいとまがない。2014年に設立した未来まき研究所は小麦粉の加工メーカーや小麦農家だけではなく，小麦に関する研究員が集う場としての役割も持つ。設立間もない同研究所が単なる情報交換の場ではなく，外部の人材を交えて次世代小麦について積極的に議論する場にできるかが課題である。

## 4.5　科学的エビデンスを追求した健康食品ビジネス

金間大介

### 4.5.1　はじめに：アミノアップ化学の取り組み概要と特徴

株式会社アミノアップ化学は1984年に設立された健康機能性食品メーカーである。札幌市の郊外に構えた新社屋は70の環境技術を実装しており，地中熱，雪氷熱，太陽熱など複数の省エネルギーシステムを採用し，自然エネルギーを最大限に活かすことで高い環境負荷低減を実現している。

キノコ由来の菌糸体から抽出した植物育成調整剤「アミノアップ」を事業化して以来，そこで培った長期培養技術を基にした癌治療の補助食品「AHCC」や，独自の技術で低分子化し吸収性を高めたライチ由来のポリフェノール「オリゴノール」等，天然由来素材を活用した機能性健康食品の開発を行っている。2005年には，大阪大学大学院医学系研究科に寄附講座「生体機能補完医学講座」を，またカリフォルニア大学デービス校栄養学部に「アミノアップ化学教育研究基金」をそれぞれ開設している。商品化に際しては科学的根拠を第一に考えているため，従業員60名という規模ながら多数の学術論文を発表している。

AHCC（活性化糖類関連化合物：Active Hexose Correlated Compound）とは，シイタケ属に属する担子菌の菌糸体培養液から抽出された$\alpha$-グルカンに富んだ植物性多糖体の混合物で，癌治療のほか，免疫賦活作用，化学療法剤の副作用軽減作用，感染性防御作用などにおいて注目されている。すでにサプリメントとして世界20ヵ国で販売されている。また同社は，毎年，札幌市内でAHCCの機能解明やAHCCを用いた疾病の予防・治療に関する研究成果を報告する

国際会議「統合医療機能性食品国際会議」を開催している。発足時には20名程度であった会合が，2015年7月には第23回目を迎え，世界各国から数百名の研究者が参加するに至っている。

オリゴノール（Oligonol）は，ポリフェノールのポリマーを生体吸収性および活性の高いオリゴマーへ変換した世界初の「ライチ由来低分子化ポリフェノール」である。ポリフェノールは多種多様な植物に豊富に含まれ，抗酸化作用などを有するものの，成熟するにしたがって経口的に摂取されたときの生体内への吸収が悪くなると考えられている。一方，同社が開発したオリゴノールは，一般的ポリフェノール抽出物よりも非常に吸収性がよく，幅広い抗酸化・抗老化作用の可能性があるとされている。

またオリゴノールは，2014年6月に米国食品医薬品局（FDA）において，GRAS（Generally Recognized As Safe：一般に安全とみなされる物質）として認可された。2009年には，すでにSelf-affirmed GRAS（自己評価に基づく安全性評価）を行い，サプリメント向けに販売してきたが，GRAS認証を受けることで，一般食品市場向けにも販売が可能となった。

さらに地域活動としては，北海道フード・コンプレックス国際戦略総合特区が推進する「北海道食品機能性表示制度（ヘルシーDo）」に応募し，AHCCとオリゴノールを含む10製品が認定を受け販売を開始している。このように同社は，徹底した科学的エビデンスに基づく付加価値により，高い利益率を達成している。

### 4.5.2　創業の経緯：研究開発型企業として

アミノアップ化学は1977年に北海道飼料研究所として設立された。北海道江別市にある酪農学園大学出身である創業者は，北海道の農業試験場の研究者とともに合同で同研究所を設立し，植物生育調節物質の開発を進めた。ここから誕生した「スーパーアミノアップ」が同社最初の商品となる。その後，1984年に今の株式会社アミノアップ化学を設立し，同商品の販売を開始した。

「スーパーアミノアップ」は，天然物であるキノコから抽出した植物ホルモ

ン「サイトカイニン」と「アミノ酸」を主成分とし，作物本来の健全な生長を促すと同時に，作物の内容成分を向上させる働きを備える。さまざまな作物の栽培に対応すべく，環境の変化にも耐え得る資材として開発が進められてきた。現在では，茄子，トマト，キュウリ，メロンなどの果菜類，白菜，キャベツなどの葉菜類，ニンジンなどの根菜類のすべてに対応し，成長の促進と品質の向上に寄与している。

創業当時，実績に乏しい「スーパーアミノアップ」を販売する際には，農家を説得する材料として科学的な裏づけデータにより信用を勝ち取ってきた。同社のすべての商品は，科学的エビデンスを明確にして，客観的に評価された安全，安心な商品であることを強くアピールすることをモットーとしている。ただし，言うまでもなく科学的な検証には費用が必要となる。自治体等の補助金を確保し試験研究に充てていたものの，創業からの10年間は利益が出なかった。この姿勢は現在にも受け継がれており，これまでに海外50，国内50もの大学や医療機関と共同研究し，基礎研究や臨床試験等が行われている。さらに，現在の雪印種苗株式会社（札幌市厚別区）のネットワークも借用し，販売網の拡大を試みた。

それでもなお，第1次産業の世界においては実績がものをいう。そのため当初のビジネスモデルは，まず春に代金を受け取らずに商品を配布し，無事に秋の収穫時に成果を上げた段階で代金を回収するというものだった。

近年，一般消費者の農産物に対する機能性や栄養価値の要求が高まってきている。その一方で，現在市場に出回っている野菜の多くは以前の野菜と比較して栄養価値が減少していることが指摘されている。例えば，平均的なブロッコリー中のビタミンCは1980年ごろには100g中におおよそ150mg含まれていたのに対して，2000年では80mg前後にまで減少した。この傾向はビタミンCに限ったことではなく，カルシウムや鉄などその他の栄養成分でも同様な傾向が見られる。形が揃って見栄えがよく，かつ日持ちの良い品種を追求し，作期の周年化，肥料過多などがその原因とされている。「スーパーアミノアップ」は，このような農産物の変化に対しいち早く対応した商品といえる。

### 4.5.3　創業後の発展：研究開発の深化と AHCC，オリゴノールの開発・事業化

　その後，1989年に現在の主力商品である「AHCC」の開発および販売を開始することで，転機が訪れる。担子菌（キノコ類）の菌糸体を長期培養することはこれまで難しいとされてきたが，AHCCは独自の無菌維持設備培養条件により長期培養を可能とした。したがって，AHCCの製造方法に同社の強みがある。一般的にキノコ由来の健康食品は，天然の原料を使用しているため，製品によって内容成分が異なる場合がある。一方，アミノアップ化学の製造工場は，製造時に徹底した管理が行われているため，その品質は一定に保たれており，ここに高度な技術とノウハウが必要になる。その証拠として，2015年時点でAHCCは世界でもアミノアップ化学の工場1カ所のみでの製造となっている。

　通常のキノコ製品の主成分は$\beta$-グルカンと呼ばれるが，AHCCは独自の製法によってほかにみられない物質が得られている。それがアシル化された$\alpha$-グルカンである（図表4－11）。アシル化$\alpha$-グルカンは，分子量約5,000ほどの比較的低分子の構造を持つ。通常の$\beta$-グルカンの分子量が数万から数十万であることから，$\beta$-グルカンよりも吸収されやすいことが大きな特長である。

　その後，2006年には現在のもう1つの主力製品であるオリゴノールを開

図表4－11　アシル化$\alpha$-グルカン

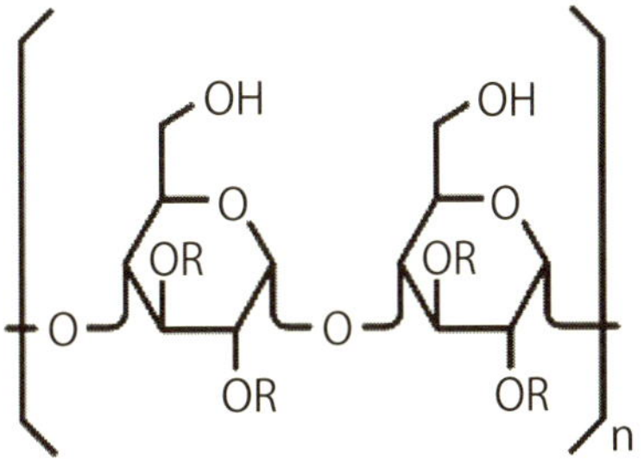

$\alpha$-1,4グルカン（R:H or R'CO-）

発し，販売を開始した。先にも記した通り，オリゴノールは生体への吸収が低いとされるポリフェノールのポリマーを，生体吸収性および活性の高いオリゴマーへ変換した世界初の低分子化ポリフェノールである。名前の由来はOligomer Polyphenolを略した造語で，Oligomer（オリゴマー）とは，一般的に比較的分子量が低い重合体（モノマー，ダイマー，トリマー等）を意味しており，ライチ果実から抽出したポリフェノールポリマーをより体内に吸収されやすいオリゴマーに低分子化した機能性素材がオリゴノールである。オリゴノールは，世界で初めて工業生産が可能となった低分子化ポリフェノールであり，生体内で高い抗酸化活性を示すことが期待される。

オリゴノールはライチの果実を原料としているが，未熟な果物は苦味や渋味を帯びており，その苦味や渋味のもとがポリフェノールで，モノマーやオリゴマーという比較的水に溶けやすい成分を多く含む。しかし，果物が完熟するにつれて高分子化し，不溶性のポリマーとなり味を感じさせなくなり，逆に糖度が増してくる。現在，市場で流通しているポリフェノールの原料はこうした完熟果実を原料とするものが多く，入手できるポリフェノール素材はほとんどがポリマー主体のものである。

オリゴノールもAHCCと同様にアミノアップ化学の工場において，ライチポリフェノールの低分子化，抽出，精製が行われる。このポリフェノールの低分子化技術はアミノアップ化学が長崎大学との共同で開発した技術であり，同大学との共同出願による特許を取得している。

### 4.5.4　研究開発の姿勢：国際会議の主催と販路拡大と収益化

同社は，創業後の早い段階から海外マーケットを視野に入れた事業展開を行っている。過去に特許権侵害により提訴された経験があり，特許の重要性を再認識して以来，輸出国を中心に十数カ国で特許を取得し，商品すべてを同社で製造している。

オリゴノールの開発では，開発当初からライチ由来の低分子ポリフェノールに焦点を当てていたわけではなく，最初はブドウ由来のポリフェノールを使っ

た開発を行っていた。しかし，ブドウを原料としたポリフェノールの周辺には特許が多数存在することからこれを断念し，次に牡蠣に焦点を当てた。しかし今度は原料としての扱いにくさが顕在化し，これも断念した。その後，あらためて先行技術調査を行い，まだ特許出願が少ないライチに切り替えた経緯がある。特許が少ないということは一見好都合のように思われるが，それは逆に開発の難しさを証明するものでもある。アミノアップ化学はここをブレークスルーし，今の地位を築くに至っている。結果的に2005年には，「ものづくり日本大賞」で優秀賞を受賞するなど，数多くの受賞歴がある。

アミノアップ化学は，地元札幌において毎年国際会議を主催している。「統合医療機能性食品国際会議」と名づけられたこの学会は，すでに2015年で23回目を迎えており，食品因子の持つ生体調節作用や生理活性作用の研究結果が多く報告されている。特にAHCCに関する基礎，臨床，開発研究を通じてAHCCの機能解明と，AHCCを用いた疾病の予防・治療に関する報告が多くなされ，AHCCを医療に取り入れようと考える医師にフィードバックする仕組みを確立している。

毎年，免疫学や栄養学に関する数百名の研究者や医師が札幌の会場に一堂に集まり，数件の基調講演を含む数十件の口頭・ポスター発表が行われている。また，優秀研究報告賞や若手研究者奨励賞などの研究奨励表彰なども大々的に行われている。従業員60名の企業がこれだけの国際会議を23年連続で開催すること自体，ほとんど例を見ない。逆にいえば，他社と比較した際の決定的な差別化と販路拡大の手段がここにあるといえる。

特にこの会議を通して米国の研究者や医師との連携を綿密に図っている。アミノアップ化学から商品サンプルを提供しつつ，研究者や医師が同会議でデータをフィードバックする仕組みを構築している。米国では医師が積極的にサプリメントを取り扱うことは一般的になっている。アミノアップ化学はさほど広告費をかけない代わりに，同学会を主催し発展させることで，科学的な知見を世界中から集めると同時に，製造業者が最も欲しいユーザからの信頼と販路の拡大を実現している。

さらに，2014年には，日本においても医療機関においてサプリメント等の販売やアドバイスが可能であるということが閣議の中で認められた。これまでも一部の医療機関ではサプリメント等の食品を取り扱っているところはあったものの，活動レベルにばらつきがあり，地域によってサービスに偏りが生じていた。このことが解消されるにつれ，同社の商品に対するニーズはさらに増加する可能性がある。

### 4.5.5　最近の成果

2014年，子宮頸がんに対するAHCCの予防効果が期待されるという研究報告が米国でなされた。2014年10月29日，第11回米国癌統合医療学会において，「ヒトパピローマウイルス（HPV）に感染した女性にAHCCを投与するとウイルスが死滅した」という研究結果が発表された。発表したのは，テキサス大学ヘルスサイエンスセンターのJudith A. Smith（ジュディス・スミス）准教授で，女性の健康に対する統合医薬の研究を長年継続してきた研究者である。

スミス氏は，HPV感染が陽性である30歳以上の健常女性10名にAHCCを1日3gの用量で最長6カ月間投与した。その間，毎月1回HPV検査を実施した。その結果，10名のうち1名が都合により途中で服用を中止，5名がHPV検査陰性となり，そのうち3名はAHCC摂取終了後でのHPV消滅を確認した。今後，正式な第2相無作為化プラセボ対照試験を行うことにしている。

HPVは子宮頸がん患者の99％が感染していることから原因ウイルスであると考えられている。しかし，これを除去する医薬品は未だ開発されていない。ワクチンによって除去・感染予防ができることが認知されているものの，2013年には副作用に関する報告があり使用が中断していた。子宮頸がんは全世界の女性のがん死因第4位に位置しており，その克服は非常に大きな意味を持つ。日本でも毎年3千人以上が子宮頸がんで亡くなっているといわれており，ほかのがんと違い30代の若い女性が発症する例も多い。

### 4.5.6 今後の展開：健康食品の販売から一般食品添加素材の販売へ

　ここまで見てきたように，アミノアップ化学では，サプリメントを医療機関を通じて販売するという独自のビジネスモデルを構築している。医者が患者に説得できるように，必ずエビデンスを付けることにしており，信頼に裏打ちされた医療用サプリメントという位置づけにある。

　現在の売上の9割が健康食品関係であるが，今後の商品展開として一般食品分野への移行も視野に入れている。例えば札幌のホテルでは，同社の食品添加素材を使用したオリゴノール入りドーナッツを「サプリメントドーナッツ」として販売している。このように，AHCCやオリゴノールには，一般食品用としても幅広い応用が可能である。今後は，いろいろな食品の添加素材として，商品の多様化を進めていく予定となっている。

## 4.6　豆腐製造業の高付加価値化と主導権争い

貴戸武利

### 4.6.1　はじめに

**1　豆腐の歴史的背景と日本食における位置づけ**

　豆腐は中国において開発された大豆加工食品であり，その歴史は1,000年以上になるといわれている。古来より東アジア，東南アジアのさまざまな国が中国と文化・技術交流を積極的に行ってきたこと，また，近代において華僑が定着した先の土地で料理の食材として使用したことにより，アジア各国に豆腐の製造法や料理法の食文化が伝わっている。日本においては奈良時代に遣唐使によりその製造法が伝えられたとの記録がある。当時は貴族や僧侶などの身分の高い者だけが食べることのできる食品であったが，江戸時代に入ると社会環境が変化し，徐々に一般庶民でも食べることができるようになっていった。江戸中期には，『豆腐百珍』という豆腐の料理本やその続編が出版されるほどの大人気となり，日本における豆腐文化が大きく普及した。

　近代に入っては，製造機械の開発が進んだことで大規模かつ低コストでの生産が可能となったため，豆腐は誰もが気軽に口にできる食品となった（一般

財団法人全国豆腐連合会，2014)。その後も，さまざまな技術開発や創意工夫が行われ続け，日本独自の豆腐文化が培われて現在に至る。スーパーマーケットをはじめとする小売店において，豆腐売り場は食の多様化が進む中でも未だに専用の大きな売り場を確保しており，複数の豆腐製造業者から提供された木綿豆腐，絹ごし豆腐，寄せ豆腐，焼き豆腐などのさまざまな豆腐が並び，さらにその周囲には油揚げ，がんもどきなどの豆腐加工品が並んでいる。世界的な和食ブームが叫ばれて久しいが，豆腐はその代表的な食材の1つとしても認知されており，日本の伝統的な食材として誰もが疑わない存在となっている。

　海外においては，豆腐は中華料理の麻婆豆腐に見られるように料理の具材の1つとして扱われる場合が多いが，日本においては，夏は冷奴，冬には湯豆腐という豆腐が主役となる料理が存在し，豆腐そのものの味を楽しむ習慣がある。刺身に代表されるように，塩味の強い調味料を食品の一部に付けて食を進みやすくしながら，素材そのものの味を楽しむという独特で繊細な食文化を日本人が持っていることを豆腐においても確認できる。

## 2 豆腐の差別化と3つの競争要件

　第5回全国豆腐屋サミット (2015年6月京都開催。以下，サミットと略) において，サミットとしては初めて豆腐の品評会が催された。日本全国から100品を超える豆腐が集められ，参加者はすべての豆腐を試食することができ，製造業者ごと，地域ごとの豆腐の違いをあらためて確認する機会となった。本品評会においては，主原料である大豆の産地・銘柄はもちろんのこと，凝固剤の種類の情報が開示されており，サミットならではの品評会であった。

　国産大豆を使用し，味にこだわりを持つ豆腐製造業者の多くは，大豆の品種を限定することに自社の製法を組み合わせることで独自の豆腐の味を出していることを消費者に訴求することが多い。そのため，多くの消費者は豆腐の味が大豆の品種と製造技術に起因すると考えているが，この認識には不足がある。実際には，大豆の品種が同じでも，さらにいえば，同じ豆乳を用いて同じ装置で豆腐を凝固する場合でも，凝固剤の種類を変えることで味の異なる豆腐を作

ることが可能である。

　食品工業的な観点から鑑みると，豆腐製造の効率化によるコスト削減や特徴のある新たな製品を開発するという豆腐製造業者の要求に対しては，大豆の品種改良ではスピード面で対応が難しく，結果として製造装置の改善や凝固剤をはじめとする添加剤の開発が豆腐業界に大きな変化をもたらすようになった。

　そこで本章では，豆腐の味を決める要素として，大豆の品種と品質，製造技術が重要な要素であることは当然であるとの認識の上で，豆腐の味を決める第3の要素ともいえる豆腐用凝固剤に焦点を当て，近年にどのような開発が行われているのかを整理することで，豆腐製造におけるイノベーション・プロセスと主導権争いについて検討する。

### 4.6.2　豆腐用凝固剤の種類と歴史

　日本に豆腐が伝来されて以降，豆腐の凝固剤は海水から塩を製造する際の副産物である塩化マグネシウムを主成分とする残液を「にがり」と称し使用していた。現在では，精製し結晶化した塩化マグネシウムも用いられ，前者は粗製海水塩化マグネシウム，後者は塩化マグネシウムと表示した上で，にがりを併記することが認められている。豆腐用凝固剤には長らくにがりが使用されてきたが，戦時中に軍需産業において合金の原料としてマグネシウムを必要としたことから豆腐製造業者はにがりを使用することができなくなり，凝固反応に必要な二価の陽イオンを大豆タンパク質に提供する代用品として，硫酸カルシウムが使用されるようになった。

　にがりの主成分である塩化マグネシウムと比較して，硫酸カルシウムは溶解度が低いためにカルシウムが大豆タンパク質と結合して凝固反応を開始するのに時間がかかる。その結果としてタンパク質の凝集時に水分を多く抱き込みやすくなり，保水力の高いソフトな食感の豆腐を製造することができるようになった（一般財団法人全国豆腐連合会，2014）。悪くいえば凝固スピードが速すぎて工業的には取り扱い難さがあったにがりと比較して，硫酸カルシウムは凝固スピードが相対的に遅いために製造上の制御が行いやすく，業界に広く浸透し

図表4－12　豆腐用凝固剤の種類と反応時間

|   | 品名 | 通称名 | 温豆乳に添加時の凝固反応時間 |
|---|---|---|---|
| 1 | 塩化マグネシウム | にがり | 2秒 |
|   | 塩化マグネシウム含有物 | 天然にがり | 3秒 |
| 2 | 硫酸カルシウム | すまし粉・にがり粉 | 30秒 |
| 3 | グルコノデルタラクトン | グルコン | 60秒 |

出所：とうふプロジェクトジャパン株式会社（2014）。

た。硫酸カルシウムは，味の面では硫酸基によるえぐみ，カルシウムによる舌触りの悪さなど，塩化マグネシウムを主成分とするにがりと比較しての欠点がある。しかしながら，前述の工業的な扱いやすさから，戦後ににがりを豊富に使えるようになった後でも，硫酸カルシウムは豆腐用凝固剤として使い続けられることとなった。

　硫酸カルシウムにやや遅れて，豆腐用の凝固剤としてグルコノデルタラクトン（GDL）も用いられるようになった。GDLは蜂蜜酸などの別名を持つ有機物であり，豆乳に添加すると徐々に加水分解してグルコン酸へと変化する。この時，pHが低下してタンパク質が酸凝固する。にがり，硫酸カルシウムとは別の凝固メカニズムとなるが，大豆タンパク質を酸凝固して豆腐を製造する技術は珍しいものではなく，インドネシアでは凝固剤のほとんどは酢酸や乳酸によるpH低下を利用する。GDLは豆乳に添加後にグルコン酸に変化する時間を要するため，一般的に用いられている凝固剤の中では，最も凝固速度が遅い。その結果，保水力の高いゲル構造を作ることができるため，滑らかな舌触りの食感をつくり出すことができる。一方で，にがり，硫酸カルシウムを用いて製造した豆腐とは明らかに食感や味に差異が生じるため，これを改善するために，GDLを主成分としながらもにがりや硫酸カルシウムを配合した混合製剤が開発され，一般的に使用されている。

## 4.6.3 豆腐の製造方法と凝固剤の選択

　一般的に化学反応は温度が高いほどそのスピードは速くなる。豆腐の製造工程は，浸漬した大豆を摩砕し，これを沸点近くで煮込む。煮込み工程の直後に豆乳と繊維質（おから）を分離して得た豆乳に凝固剤を加えて豆腐とする。この際，豆乳は非常に高温の状態であるため，凝固速度の高いにがりでは，凝固剤と接触したタンパク質から凝固を開始してしまい，全体が均一な塊を作ることが難しい。

　一方で，硫酸カルシウムやGDLは凝固速度が遅いために凝固が進行する前に豆乳と凝固剤を均一に混合することができ，均一で保水力の高い豆腐を作ることができる。そのため，一般的な豆腐製造方法では，にがりを使用した豆腐は味の面では良い評価となるものの，滑らかな食感を有することが重要である絹ごし豆腐の製造には不向きであるといわれている。にがりで絹ごし豆腐を製造するためには，凝固剤を混合する際に凝固反応が進むのを防ぐために豆乳の液温をあらかじめ下げてにがりを均一に混合した後に，あらためて加熱して凝固する必要がある。冷却のための装置とエネルギーコスト，さらには凝固のために再加熱のコストがかかるため，味が良くなるものの，すべての豆腐製造業者が選択できる製造方法ではない。

## 4.6.4　第4の凝固剤「乳化にがり」の登場

　前項で述べたようなさまざまな環境の変化や開発により，豆腐の文化は徐々に多様化してきた。その中で，にがりをはじめとする豆腐用凝固剤の多様化は大きな役割を担っていた。にがりで作った木綿豆腐が中心であった戦前に比べ，より滑らかな食感の絹ごし豆腐が一般化した現代において，消費者の嗜好にあった絹ごし豆腐を低コストで提供するために，豆腐製造業者は調製直後の温豆乳を用いてにがりで凝固した豆腐を製造する技術の出現を望むようになった。

　このような需要が存在する中で，1980年代には，にがりの凝固速度をコントロールするために，金属イオン封鎖剤，いわゆるキレート剤を用いてにがり

中のマグネシウムイオンを捕まえ，豆乳中で徐々に放出させることにより反応速度を遅くする方法が開発された［1,2］。しかしながら，強力なキレート剤ほど，豆乳に添加した際にマグネシウムをリリースしないために豆腐が凝固しない，逆にキレート力の弱い素材では，すぐにマグネシウムをリリースしてしまい遅効性が得られない難しさがあった。さらには，おのおのの有機酸に固有の味があるために，豆腐本来の味を損なう恐れがあった。

このような中，1990年代に入り，ついに温豆乳とにがりで豆腐を凝固させる技術が開発される。花王株式会社は，1992年に乳化剤を用いてにがりを油脂中に分散させることで，にがりを豆乳に添加した際の急速な凝固反応を抑制することのできる「乳化にがり」を開発し出願した［3］。

乳化にがりは，図に示すように，高温の豆乳にこれを添加しても，油脂でコーティングされているために凝固反応が進まない。これを乳化装置，ホモミキサーなどと呼ばれる乳化状態を壊す装置に通すことで，豆乳中の大豆タンパク質とにがりが接触し，凝固反応が開始される。反応スピードを緩やかにすることで，にがりでありながら食感のよい絹豆腐を作ることが可能となり，緩やかな凝固スピードにより保水力の高い豆腐を製造することが可能となる。

さらに，乳化にがりに含まれる油脂と乳化剤により滑らかさが増すことで食感がよくなり，油脂は豆腐にコクを付与し濃厚な味の豆腐を作ることができる。乳化にがりのメリットは，温豆乳で絹ごし豆腐を製造できるだけではなく，木綿豆腐は弾力性に富み，一般的なにがりで作った豆腐はこれと比べて崩れやすく，もろいという印象を受けるようになる。

乳化にがりは現在，花王から「マグネスファイン」という製品シリーズ名称で数種類の製品が販売されている。花王は1992年の出願以降も開発を続け，これまでに少なくとも8本の特許を出願している［4-11］。また，乳化剤を用いて油脂中に水溶性の凝固剤を分散させるという手法による遅効性凝固剤は，花王の後発ながらも理研ビタミン株式会社［12-16］や，扶桑化学工業株式会社［17,18］などにより相次いで開発されている。

乳化にがりを使用するには，乳化装置を導入するイニシャルコストがかか

第 4 章　地方食品産業のイノベーションモデルの探求　109

図表4－13　温豆乳と「にがり」,「乳化にがり」反応のイメージ図

温豆乳に「にがり」を添加した場合

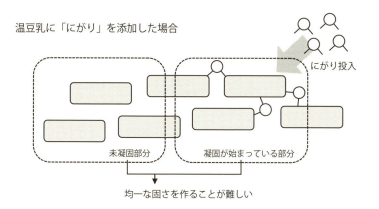

温豆乳に「乳化にがり」を添加した場合

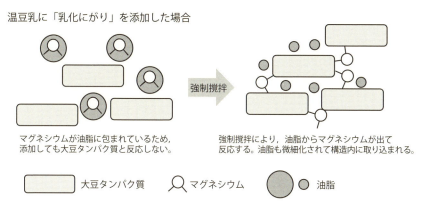

る。しかしながら，温度の高い豆乳を一度冷却し，にがりを添加後に再加熱して凝固する既存の製法と比べると，冷却装置，再加熱のための2台の装置を導入する必要がなく，さらにはランニングコストで優れている場合が多く，トータルコストで優位性がある。

　乳化にがりには，油脂，にがりと油脂を馴染ませるための乳化剤，および，保管中の油脂の酸化劣化を防ぐための酸化防止剤が一般的に添加されているが，現在のところキャリーオーバー扱いとなり，にがり以外のこれらの素材に

は表示の義務がない。古来の作り方を望む，大豆本来の味を重要視し乳化にがり由来の油脂などによる味の変化を嫌う，化学合成的な名称の食品添加物の使用を好まないなど，乳化にがりの使用をよしと考えない豆腐製造業者や消費者も一部存在する。このように豆腐製造業者によってメリット・デメリットの評価が変わるために，乳化にがりをすべての業者が採用するものではないが，化学的なアプローチを用いて従来のにがりの性質をまったく異なるものに仕上げた乳化にがりは，間違いなく豆腐用凝固剤開発の歴史における革新的な発明である。豆腐用凝固剤業界でのシェアは今後も少しずつ増えていくことが予想される。

### 4.6.5 おわりに：脱コモディティ化に向けて

　豆腐製造業者数は，1960年に集計が開始されて以来，減少の一途を辿っている。その理由として，大規模集約化，価格競争の結果による市場価格の下落と原料価格の高騰による収益性低下，地方小規模事業者の後継者問題など，さまざまな要因が挙げられている。豆腐製造業界では，20年以上前には特定の大豆品種を使用するだけで差別化となり競争力を確保することができた。現在も同様の傾向はあるものの，徐々にコモディティ化が始まっており，高級な品種の国産大豆を使用した豆腐同士の価格競争がすでに始まっている。

　製造効率のよい新たな豆腐用凝固剤が開発されることは，現在考えられている豆腐の製造効率の限界を打破する可能性を秘めている。これを使用した業者は，その結果として収益性が改善し，より良質な原料大豆の手配，新たな豆腐製品の開発，最新の衛生管理手法の導入など，未来へのさまざまな投資を行うことが可能となる。豆腐製造業者たちの凝固剤開発者への期待は大きい。

　今後，革新的な豆腐用凝固剤が開発された場合，よほどの特殊な技術が使用されていない限り，その凝固剤は現代の先進的な化学分析技術による解析が比較的容易になされる。また，食品添加物というカテゴリーに入るがゆえに成分組成について詳細を開示して安全であることを証明しなければならない。そのため，凝固剤の内容を秘匿したまま販売することは困難である可能性が高い。

凝固剤の製法にノウハウが存在する場合にはその製法を秘匿し，凝固剤の組成に特徴がある場合は，特許による権利化が最善であろう。

## 4.7 日本の醤油産業における差別化と地方醤油メーカーの取り組み

河野洋一

### 4.7.1 はじめに

　醤油は主に大豆，小麦，米等の穀物を原料に，わが国独自の醤油醸造技術を用いて製造される調味料である。長年にわたって日本の食卓に並び，日本食には不可欠な調味料にまでその地位を高め，日本食の多様性や繊細さを表現する日本の食文化の要であった。近年では世界的な和食ブームにより醤油は世界中で利用され，海外の和食料理店などを中心に広く利用されるようになり，日本を代表する調味料となっている。日本国内においては地域の嗜好や醸造の歴史によって，地域ごとに醤油の種類は多種多様であり，その種類の豊富さは地域の食文化の多様性を物語っている。

　醤油はJAS規格によって，3つの製造方法と5つの種類が制定されている。製造方法としては，伝統的な製造方法を活用した醸造方式として「本醸造方式」，また本醸造方式により諸味，または生揚げ醤油の段階まで製造し，そこに旨味成分であるアミノ酸液の混合や，大豆等のタンパク質を酵素により分解処理した酵素処理液を添加することで，長期間であり手間のかかる醤油醸造を比較的簡易化させ熟成させたものとして「新式醸造方式」，さらに本醸造方式や，新式醸造方式により醸造された醤油に，アミノ酸液・酵素処理液を添加する，最も短期間，低コストでの醸造が可能となった製造方式を「アミノ酸液混合方式」，「酵素処理液混合方式」と分類している。

　また，醤油の種類としては，国内生産量のうちおよそ8割を占める最も一般的な醤油として「こいくち」醤油，色の淡い醤油として「うすくち」醤油，ほぼ大豆のみで造られる「たまり」醤油，醤油そのものを原料として仕込みに使用して製造する「さいしこみ」醤油，小麦中心での醸造をすることで，うすく

ちよりも淡い琥珀色をした醬油として「しろ」醬油の5種類が制定されている。これら5種類の醬油を地域別に大別すると，主に関東では濃口醬油，関西では淡口醬油が生産されており，さらに，濃厚な色と味が特徴である溜り醬油は東海3県や九州地方で生産されている。再仕込み醬油は中部地方西部から九州北部で生産され，さしみ醬油，甘露醬油としても有名である。白醬油は主に愛知県で生産されており，淡い琥珀色といった製品の特長から素材の色を変化させにくいため，汁物や漬物などによく利用されている。

　これら5種類に加え，現在では「だし入り醬油」，「つゆ類」，「たれ類」，「ポン酢しょうゆ」，「しょうゆドレッシング」など，醬油を原料とした調味料が全国各地の醬油醸造業で製造されている。ただし，こちらは公的な基準が設定されていないため，メーカーごとにその特徴は異なっており，全国各地，その地域の嗜好や，時代の流れに沿ったさまざまな醬油が醸造されている。また，健康志向の高まりから，「減塩」，「うす塩」，「浅塩醬油」といった，通常の醬油より塩分割合を低下させた醬油も製造されている。近年においては「卵かけごはん専用醬油」，「カレー専用醬油」，「アイスクリーム専用醬油」など，多種多様な醬油が製造されている。

　このように，地域や時代，食の多様化によってさまざまな展開を見せる醬油を製造している醬油醸造業は，地域文化ないし地域の食文化の担い手として成長・発展してきた産業であるともいえる。特に中小規模の醬油醸造業は，広域流通を可能としている大手企業に比べ，元来，地域産業の中心的役割を果たしてきた伝統産業の中でも，食文化の形成に大きく貢献してきた。しかし，少子高齢化，食の外部化や洋風化，大手企業による寡占化などによってその存立が危機的状況に置かれている。

　ここでは，このような状況に置かれている中小規模の醬油醸造業を取り巻く内外環境の変化，特に中小規模の醬油醸造業に大きな影響を与えたとされる中小企業近代化促進法により計画された協業化・共同化の影響について整理するとともに，大手企業による寡占化が進む醬油業界における中小醬油醸造業のあり方を専有可能性の視点から検討する。

## 4.7.2 醤油醸造業の歴史的展開と内外環境の変化

### 1 醤油市場および醤油醸造業の展開と概況

　図表4－14に，1961年と2014年における醤油の生産数量を示す。醤油の生産数量は戦前戦中を通して乱高下を繰り返し，1950年代の中頃には90万kl台，1960～69年までは100万kl強となっている。以下，出荷数量では，1970年に112万5,000klまで上昇し1973年には129万kl台と過去最高を記録した。その後1983年までは110万kl台で推移し，1984年に再び120万klを記録するが，それ以降は100～110万klで推移を続けている。2002年に大台の100万klを割ってからも徐々に減少し，2003年には98万1,100klと落ち込んだ。市場構造を概観すると，現在，全体数から見ても醤油醸造企業の半数以上が中小企業であるにもかかわらず，醤油の大手5社（キッコーマングループ，ヤマサ，正田醤油，ヒガシマル，マルキン）で2014年に市場シェアの約57％となっている。

　醤油の出荷数量の減少に関しては，醤油そのものから醤油をベースとした加工調味料への変化がその要因として考えられる。図表4－15に，2004年，2014年の醤油とつゆの世帯当たりの年間支出金額を示しているが，2014年においてはつゆ・たれの支出金額が醤油の2倍以上になっている。特に，つゆ類は安定需要を確保しており，味ぽん酢，鍋つゆなどの醤油の自家消費による加工調味料の生産も，大手企業を中心に積極的な新製品開発が行われ，必然的に醤油単体の販売は減少を続けている。つゆ・たれ等を家庭内で醤油から調理す

図表4－14　醤油の生産・出荷数量（1961・2014）

（単位：kl，％）

| 年次 | 出荷数量 | 大手5社 | | 中小企業 | |
|---|---|---|---|---|---|
| | | 出荷数量 | シェア | 出荷数量 | シェア |
| 1961 | 1,028,519 | 325,534 | 31.7 | 702,985 | 68.3 |
| 2014 | 790,165 | 447,233 | 56.6 | 342,932 | 45.4 |

（注）大手5社は，キッコーマングループ，ヤマサ，正田醤油，ヒガシマル，マルキンを示す。
出所：しょうゆ情報センター。

図表4－15　醤油およびつゆ・たれの世帯当たり年間支出金額（2004・2014）

（単位：円）

| 年次 | しょうゆ | つゆ・たれ |
|---|---|---|
| 2004 | 1,984 | 2,943 |
| 2014 | 1,607 | 3,419 |

（注）「つゆ・たれ」は液状のものに限る。
出所：総務省統計局「家計調査」より。

る"手作り派"の減少で，製品のめんつゆが急上昇しているように，最近では鍋つゆ類も，手作り派から市販製品へと需要が移行し，近年では「固形の鍋つゆのもと」が発売されるなど，消費者の料理の簡便さを意識した製品開発が行われている。

　家庭用のレギュラータイプの醤油は落ち込んでいるが，醤油そのものに高い付加価値をつけた「高付加価値もの」と呼ばれる，キッコーマンの「特選丸大豆しょうゆ」やヤマサ醤油の「特選有機丸大豆の吟醸しょうゆ」，ヒゲタ醤油の「本膳」，正田醤油の「二段熟成」などは順調に増加しており，大手企業は高付加価値醤油の販売に傾注してきた。これはエルダー層を中心として，食に対する「安全・安心」の重要性が高まってきており，醤油にも"こだわり派"が増加していることに起因する。

　「安全・安心」という意味合いからすると，キッコーマンが2003年3月に非遺伝子組み換え大豆を丸ごと仕込んだ「丸大豆仕込みしょうゆ」を投入するとともに，同年6月末をめどに，醤油の原料である脱脂加工大豆も非遺伝子組み換え原料に順次切り替えている。ヤマサ醤油では好調な昆布つゆの伸張もあって，加工食品の売上げが醤油を上回ってきた。特に加工・業務用への販売に注力している。近年においては，大手企業を中心に，醤油の劣化を防ぐために外気の遮断を行った「密封ボトル」を使用した醤油が製造されている。

　大手企業を除く中小醤油醸造業は資本力の弱さから，前述した大手企業の市場拡大・寡占化や消費者意識の変化，さらには原料穀物の価格高騰などのさま

ざまな要因に対応することが困難になりつつあり，出荷数量の減少を余儀なくされ，市場から撤退する企業も見られる。このことは，醤油業界の発展のみならず，その存立基盤となっている地域経済にも大きな影響を与えている。

### 2 中小企業近代化促進法による協業化・共同化の影響

　特に，中小醤油醸造業に大きな影響を与えた外部環境の変化として，1963年に施行された中小企業近代化促進法があげられる。中小企業近代化促進法（以下，近促法と略記）とは，中小企業の構造改善を推進し，中小企業の近代化を図ることを目的とする法律である。その趣旨は，国が中小企業性業種のうちから近代化の必要のある業種を指定し，実態に即した近代化を目標年度に従って計画的に達成しようとするものである。同法により，指定業種，特定業種，進出促進業種の指定が行われ，それぞれの業種の実態に即して，金融，税制などの面で適切な措置が講じられた。同法制定の翌年，1964年に醤油醸造業は業種指定を受け，その計画のもと，各都道府県に醤油の協業・協同組合がつくられることとなった。

　協業工場では，主に仕込みから圧搾までの工程を集約してつくられた生揚げしょうゆを中小の組合各社が購入し，アミノ酸液（酵素分解調味液・発酵分解調味液）などを混ぜ合わせて（混合方式），味付け，火入れ，ろ過，瓶詰めし，自社の商品として販売するようになった。その結果，自社で仕込みをする中小の醤油メーカーは激減したが，協業したことで，大手スーパーなどの地方進出に乗じた大手醤油メーカーの攻勢に対抗することができ，廃業を免れた地域も多くある（大矢，1997）。

　ただし近年においては，製造される製品やその販売等に一定の問題を抱えている。すなわち，「伝統的な醸造方法を活用した自社醸造による醤油製造」と，協業化による「共同醸造による生揚げ醤油購入での醤油製造」の違いが最終製品にどのような影響を与えるのかということである。以下，その問題点を明確にするために，ここではまず，醤油の製造方法について簡単に整理しておく。

　図表4－16に自社醸造，つまり本醸造方式における最も一般的な「こいくち」

図表4－16　本醸造方式でのこいくち醤油製造工程

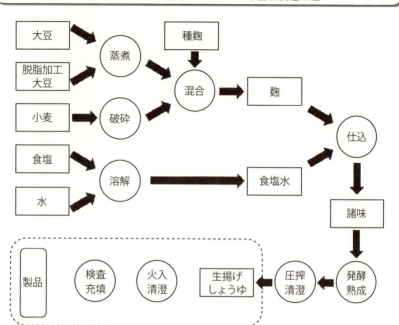

（注）破線の範囲内は共同醸造による生揚げ醤油購入時の製造工程を示す。
出所：しょうゆ情報センター。

　醤油の製造方法を示す。醤油の原料は大豆（脱脂加工大豆），小麦，食塩であり，蒸した大豆と炒って砕いた小麦をほぼ等量混合し，種麹を加えて「麹」を造る（製麹）。温度・湿度管理を適切に行うことで，3日間程度で麹が完成する。この麹に，麹に対して1.1～1.3倍程度の食塩水（汲水）を木桶・タンク等に一緒に仕込むことで，諸味が完成する。良好な発酵・熟成を促進させるため，諸味は撹拌を重ね，適切な温度管理を行う必要がある。また，伝統的な醸造方法を採用している蔵や，木桶を使用した仕込みでは，その蔵や木桶に住み着く微生物の特性が熟成の度合いに大きく影響してくるため，慎重な作業を継続的に行いながら5～6カ月で熟成を終了させる。熟成した諸味は，麹菌や酵母，乳酸菌などが働いて分解・発酵が進み，さらに熟成されてしょうゆ特有の色・味・

香りが生まれ，熟成した「諸味」をろ布に入れ，「圧搾」することで「生醤油」を抽出する。

その後，搾った生醤油に熱を加える「火入れ」という作業を行う。「火入れ」は，①残存する微生物を失活させるための殺菌，②加熱によって醤油特有の色彩・香気を付与，③加熱によって発生する不溶解性タンパク質や不純物などの除去などを目的として行う作業であり，最終製品に大きな影響を与える重要な工程である。これらの工程を踏まえ，ろ過機を通すことで最終製品となる。

一方の協業化による共同醸造による製造方法においては，「火入れ」以降の作業工程で醤油製造が行われており，地域によっては「火入れ」段階で，アミノ酸液や甘味料などの添加（混合方式）を行っており，共同醸造による製造方法を採用した企業においては，「火入れ」の温度，時間，添加物の配合比率などの調整がその企業の製造する製品の特長を決定づける唯一の作業といえる。

このように，現在では「生揚げ醤油」の共同醸造により，自家醸造に比べ，その手間とコストが格段に軽減されるとともに，食の安全・安心，また醤油の安定的な供給など，醤油の製品品質の面からいっても協業化は中小醤油醸造企業において重要な企業存続の一端を担っているということがいえよう。しかし協業化による単一地域内での醤油の味，成分の単一化は避けられない重要な課題となっており，各醤油醸造業においては製品に特殊性，独自性を持たせるため，さまざまな工夫を行わなければならないことも明らかである。

### 4.7.3 特徴的な取り組みをする中小醤油醸造業

ここでは，大手企業による寡占化が進捗する状況下で，中小企業としての強みを活かした製造方法を採用している醤油醸造業に注目し，それぞれの取り組みを整理する。1社目は北海道函館市に存立する道南食糧工業株式会社（以下，道南食糧），2社目は，福岡県糸島市に存立するミツル醤油醸造元（以下，ミツル醤油）である。前者は，先述したような中小企業近代化促進法の流れを受け，協業化による買い醤油での経営を行っている企業であるが，そこに地域の特産品を加えるなどの工夫を凝らした醤油をベースにした調味料の製造を担ってい

る企業である。後者は，同様に中小企業近代化促進法による協業化にともなう買い醤油での事業展開を行っていたものの，近年において，当該企業がこれまで所有していた伝統的な製法を再興させることで，他社との差別化を図っている企業である。

### 1 道南食糧工業株式会社

道南食糧は，北海道函館市に存立する資本金1,000万円，従業員数20名の小規模の醤油醸造業である。主力商品として，真昆布だし醤油，真昆布だしめんつゆ，真昆布だし焼肉のタレなど，醤油に加え，醤油の加工調味料が中心になっているが，その他にも，味噌，みりん風調味料，アルコールなど，製造する商品数は100種類を超える。

先述したとおり，中小醤油醸造業は近促法の協業化によって，各都道府県を1単位とした醤油醸造を行っている。協業化による味の単一化によって，多くの中小醤油醸造業は大手企業との製品の差別化が困難になっている。各中小企業は「火入れ」以降の製造段階で，さまざまな工夫を行い，特徴的な製品の製造を行わなければならない。道南食糧においても同様に，「火入れ」以降の製造工程に種々の工夫を重ねている。

道南食糧では，当該企業が存立する地域を特徴づけるため，地域の特産物である真昆布を添加している。これについては，単純に真昆布を添加しているだけではなく，真昆布を添加する醤油は，醤油そのものの調整に独自の技術を活用している。具体的には，醤油の香りを決定づける「火入れ」工程による温度，時間の調整，また，地域の特産物である真昆布を醤油に添加する際に，添加した真昆布からダシが効率よく抽出されるように醤油の調整を行っている。この醤油の調整で重要とされているのは，主にカツオエキスの添加である。

日本独特の味覚・嗅覚とされている「うま味」を保有している物質は，主に核酸・アミノ酸とされており，代表的なものとして，昆布などから抽出されるアミノ酸のひとつである「グルタミン酸」，煮干しや鰹節から抽出される核酸のひとつである「イノシン酸」，干しシイタケやマツタケなどから抽出される

核酸のひとつである「グアニル酸」などがある。また，これらうま味成分は単独で使用するよりも，2種類以上の成分の相乗効果によってうま味が格段に増強される（伏木, 2014）。道南食糧では，真昆布由来のグルタミン酸，カツオエキス由来のイノシン酸の配合を，醤油の味，真昆布のダシ，カツオのダシを効率的に配合するとともに，醤油そのものの味がうま味に負けないように，風味・香りをつけるための「火入れ」作業に工夫を行っている。この技術の開発には数年を要している。

　また，このような技術によって製造された製品は，ほかの製品にも応用されており，真昆布入り味噌，昆布だしの素など，醤油醸造業であるにもかかわらず，地域産物である真昆布を中心としたうま味成分の活用方法を応用した製品開発に特化した経営を行っている。さらに，このことは函館市に存立する海産物加工業者などにも認識されており，醤油，味噌を中心とした調味料の注文を数多く受けている。

## 2　ミツル醤油醸造元

　ミツル醤油は，福岡県糸島市に存立する，資本金300万円，従業員数7名の小規模の醤油醸造業である。主力商品として，自社醸造による醤油の「生成り」をはじめ，各種麹や甘酒などを販売している。また，自社醸造での醤油製造を行っているため，「もろみ」，「醤油麹」などの販売も行っている。

　ほかの多くの中小醤油醸造業と同様に，近促法の協業化の流れを受け，40年ほど前に自社醸造を廃止し，共同醸造による生揚げ醤油の購入での醤油製造を行っており，ほかの醤油醸造業との差別化が困難な状況にあった。ミツル醤油では，醤油そのものでは他社との差別化が困難であったため，地域の特産品である岩のりを活用することで，岩のりの佃煮を製造し，主力商品として販売していたが，醤油そのものの売り上げは好調とはいえずに経営に困窮していた。また，九州地方では甘露醤油としても知られる「さいしこみ」醤油が主流であるため，他地域での販路開拓等も困難な状況にあった。

　ミツル醤油の転機は，2010年に後継者である城慶典氏が就業する際にある。

同氏は，東京農業大学在学中より，全国各地の醤油醸造業で研修を行い，卒業後は大手の醤油メーカーで醸造技術に研鑽を重ねていた。全国各地，多様な醤油醸造業での経験を踏まえ，就業後すぐに，ほかの醤油との差別化，本来の醤油醸造のあり方を復活させることを目指し，自社醸造の再現を目標に事業転換を行った。具体的な取り組みとして，共同醸造による「生揚げ醤油」の貯蔵タンクとして使用していた木桶の修理，原料加工施設・醸造蔵・麹室の修繕・設置，原料加工装置の購入，蔵つき酵母の分離である。木桶にはホーロータンクやプラスチックタンクとは異なり，微生物が住み着いているとされており，ミツル醤油が所有していた木桶にはミツル醤油特有の微生物が存在し，醤油の品質を伝統的に醸造されていた過去のミツル醤油特有のものに近づけることが可能となった。

また，蔵つき酵母については，ミツル醤油の醸造蔵の一部から分離・培養した酵母を使用している。この酵母を自社醸造に使用することによって，協業化以前に製造していた醤油の味に近い醤油醸造を行うことを可能とした。

このような全国各地の醤油醸造業で学んださまざまな知識・技術と，伝統的な技術を活用した自社醸造の再興によって，ミツル醤油は，醤油醸造業界はもちろんであるが，飲食業等においても周知されることとなり，自社醸造以前はほぼ存立地域内のみでの販売を行っていたのに対し，現在では，醤油をはじめ，醤油麹やもろみなど，自社醸造を行わなければ製造することのできない商品の製造・販売も可能となっており，日本全国から多くの注文を受けている。

### 4.7.4　まとめ：中小醤油醸造業における模倣困難性と収益化

中小規模の醤油醸造業は近促法で制定された計画に基づいた協業化に伴い，共同醸造による醤油製造を行うこととなり，地域内での差別化が困難な状況にある。出荷数量も減少傾向にあり，同時に大手企業の寡占化傾向が大きくなってきているため，中小醤油醸造業は存立そのものが難しい状況にあるといえる。

このような状況下で，本節で取り上げた2事例においては，①「火入れ」以

降の工夫に独自の技術を活用して製造する方法，②伝統的な醸造技術を再興させ，さまざまな知識・技術によって製造する方法がそれぞれに採用されており，これらが低迷する中小醤油醸造業における持続的な経営展開の方向性として示唆される。前者においては企業が存立する地域内の特産物を活用するとともに，その特産物の特徴を最大限活用できるような醤油の製造を行うことがポイントであった。後者においては，木桶や蔵などに住み着いている微生物や伝統的に受け継がれてきた醸造技術に加え，本来の醤油醸造を多様な角度から見つめなおし，知識・技術を研鑽することで，他社には真似できない独自の醸造技術を構築していた。

このように，共同醸造による，生揚げ醤油の購入による製品製造が主流となっている中小規模の醤油醸造業が収益性を確保するためには，伝統的に受け継がれてきた技術の活用に加え，多種多様な知識・技術を組み合わせることで，製造する醤油の独自性および独自技術の確立が重要であると考えられる。

## 4.8 地方菓子メーカーのブランド化

河野洋一

### 4.8.1 はじめに

六花亭製菓株式会社（以下，六花亭）は北海道を代表する和洋菓子メーカーである。創業は1933年，資本金はグループ全体で1億3,150万円となっている（図表4－17）。帯広市に本拠を構え，販売店舗として帯広本店をはじめ帯広地区に16店舗，2015年7月にオープンした札幌本店を含め，札幌地区および近郊に41店舗，釧路地区に6店舗，函館地区に4店舗，富良野・旭川地区に5店舗の道内全72店舗を持つ。

販売される菓子類はすべて十勝地域で製造されており，十勝地域の企業としてのこだわりが強い。販売店舗の存立地域からみてもわかるように販売は基本的に北海道内で行っており，道外に対しての販売はオンラインショップからの通信販売や，不定期に開催される百貨店等での催事場販売等で対応している。事業内容としては，和洋菓子製造・販売に加え美術館の運営等も行っており，

図表 4 − 17　六花亭の経営概況

| 会社名 | 六花亭製菓株式会社 |
|---|---|
| 創業 | 1933 年 |
| 資本金 | 1 億 3,150 万円（六花亭グループ） |
| 代表者 | 代表取締役社長　小田豊（2015 年現在） |
| 従業員数 | 1,338 名（正社員：971 名，パート：367 名） |
| 事業内容 | 和洋菓子製造販売，美術館運営 |
| 店舗数 | 帯広地区：16 店舗，札幌地区及び札幌近郊：41 店舗<br>釧路地区：6 店舗，函館地区：4 店舗，旭川・富良野地区：5 店舗 |
| 関連会社 | 株式会社六花亭，株式会社六花亭北海道，株式会社ふきのとう，<br>六花亭商事株式会社，六花亭総事株式会社，有限会社六花荘農園，<br>有限会社六花亭食文化研究所，株式会社サンピラー，<br>株式会社アトリエ 28，百鬼（有）モンシェル・トントン |
| 主要製品 | マルセイバターサンド，ストロベリーチョコ，雪やこんこ，<br>サクサクカプチーノ霜だたみ，大平原，チョコマロン，チョコレート，<br>マルセイキャラメル，マルセイビスケット他 |
| 売上高 | 189 億円 |

出所：六花亭提供。

文化活動にも積極的な企業であるといえる。また，コンサートの定期開催やコンサートホールの設営，詩誌「サイロ」の発行などを事業として積極的に展開することで「十勝地域の企業」としての特色を強めている。

六花亭の歴史について簡単に整理すると，1933 年に先代社長である小田豊四郎氏の叔父にあたる岡部勇吉氏が，道内に数店舗あった「千秋庵」という和菓子店のうち札幌千秋庵からのれん分けを許され，札幌千秋庵帯広支店として創業したことに始まる。1937 年に前社長の小田豊四郎氏が経営を引き継ぎ，1952 年に帯広千秋庵製菓株式会社を設立した。また，1968 年に日本で初めてのホワイトチョコレートの製造・販売を行っている。六花亭としての経営開始は 1977 年であり，同年，現在でも六花亭の主力商品である「マルセイバターサンド」の製造・販売を開始している。

本節では，六花亭の菓子製造へのこだわりや新商品開発の方向性などを明確

にするとともに，日本初のホワイトチョコレートの展開や，ホワイトチョコレートを活用して製造したマルセイバターサンドをはじめとして菓子の販売戦略を明らかにすることで，地域に根ざした経営を展開する菓子製造業における専有可能性について整理する。

## 4.8.2 六花亭の経営展開：日本初のホワイトチョコレート
### 1 札幌千秋庵帯広支店としての創業

先述したとおり，六花亭の歴史は札幌千秋庵帯広支店（以下，帯広千秋庵）にはじまる。十勝地域は和菓子の原料である小豆の一大生産地であるとともに，菓子製造業に不可欠な砂糖の原料であるてん菜の生産も盛んであったため，十勝・帯広には伊豆屋高野三郎（イズヤパン，現在は札幌パリに経営譲渡），柳月など数多くの同業他社が存在し，十勝地域の菓子市場は飽和状態であったため，その経営は順調とはいえないものであった。1939年には砂糖の価格統制令が発令され，十勝地域の菓子製造業は経営が困難な状況に陥ったが，帯広千秋庵では直前に砂糖を大量購入していたため，安定的な菓子製造を行うことが可能となった。また，戦後の物不足で同業他社がサッカリンやズルチンなどといった甘味料を使用した菓子を製造する中，帯広千秋庵では砂糖を使用した菓子製造を心がけていたため，十勝地域で安定した経営を展開できるようになった。

帯広千秋庵が十勝らしい菓子製造を行ったのは1952年の帯広開基70年，市制施行20年の記念式典用に製造を依頼された「ひとつ鍋」が契機である。「ひとつ鍋」というネーミングは，十勝開拓の祖である依田勉三の句，「開拓のはじめは豚とひとつ鍋」に起因する。十勝にちなんだネーミングと良質な北海道産・十勝産原料を使用しており，現在でも六花亭に受け継がれる地域に根ざした菓子製造の第1号ともいえる。

### 2 六花亭としての経営展開

帯広千秋庵から六花亭への社名変更の契機は1967年に豊四郎氏がドイツ，ベルギー，フランスなどに点在する欧州の菓子メーカーに視察研修に行った

際，各地の菓子店でチョコレートが主力商品となっているのを見たことに始まる。「日本でもチョコレートの時代が来る」と感じた豊四郎氏は1968年にチョコレートの製造に乗り出すこととなった。

豊四郎氏は，「チョコレートは黒色か茶色」というイメージで商品開発の計画を行っていたが，それまで国内で流通していた「黒・茶色のチョコレート」と同様のチョコレートを製造することの意義を見出せずにいたという。そこで，チョコレート製造に際し，製造指導のために来てもらっていた技術者と数多くの議論を重ねることで，「雪の降る北海道・十勝らしさ」を表現できる，白いチョコレートの製法を学んだ。試行錯誤を繰り返し，ホワイトチョコレート製造に適した機械を増設することで，ホワイトチョコレートの製造に着手した。

帯広千秋庵が1967年に日本で初めて製造したホワイトチョコレートが全国に認識されたのが，1970年代前半のことである。1970年3月から9月にかけて大阪府で開催された。「日本万国博覧会」終了後の旅客確保対策として，日本国有鉄道（現JR）が展開した「ディスカバー・ジャパン」という個人旅行客の増大を目的としたキャンペーンがきっかけである。現在は廃線となってしまった十勝平野を走る広尾線にある2つの駅，愛国駅から幸福駅への切符が，「ディスカバー・ジャパン」のキャッチフレーズのひとつでもある「愛の国から幸福へ」という言葉とともにブームとなり，全国から若者を中心とした個人旅行客が帯広を訪れるようになった。このとき，「池田町の十勝ワイン」，「愛国から幸福行きの国鉄チケット」に加えて，「帯広千秋庵のホワイトチョコレート」が十勝の土産品3種の神器と呼ばれた。

全国的な認知度を得たホワイトチョコレートであるが，その認知度の向上とともに，ホワイトチョコレートは札幌を中心に北海道の各地域に存立する同業他社でも作られるようになった。そこでホワイトチョコレートの評価を維持・向上させるために，帯広千秋庵が製造した製品で札幌を中心とした北海道内各地での販売を計画した。しかし，それまで帯広千秋庵として，道内各地に点在していた千秋庵の1組織としての経営を行っていたことや，のれん分けを受け

た札幌千秋庵の商圏を侵害してしまうという問題が発生した。そのため，豊四郎氏はホワイトチョコレートの全道販売を目標に45年続いた千秋庵ののれんを返上し，1977年に「六花亭」に商号を変更する決断をした。

社名変更を記念して発売したのが，現在，六花亭で年間売上高の5割近くを占める「マルセイバターサンド」である。クッキーでバターとレーズンを挟んだ菓子で，現在では年間に8,000万個，年間売上高80億円のロングセラー商品である。このホワイトチョコレートの製造・販売，またホワイトチョコレートを原料として製造した「マルセイバターサンド」の販売が，成長への最大の要因となり，現在の六花亭の経営に大きな影響を与えている。

### 4.8.3 六花亭の菓子製造に対するこだわり

**1 「六花亭らしさ」を追求した菓子製造**

六花亭の商品開発の基本は「六花亭らしさ」の追求である。六花亭らしさとは，「製造する菓子に適した原料のなかでも最上のものを使うこと」，「六花亭が存立する十勝地域に根ざしたストーリーや季節感を表現していること」である。前者は美味しい菓子を作るための基礎であり，美味しい物を作ることを前提に素材，原料が選ばれている。十勝地域は食料自給率1,200％を確保する日本の食糧基地として，菓子製造においても良質な原料を生産する地域であるが，全原料十勝産での菓子製造には特にこだわっていない。

後者の「十勝地域に根ざしたストーリーや季節感」については，十勝の歴史・風土や先人の苦労を商品に投影することを常に意識した商品名やデザインにこだわりがうかがえる。先述した「ひとつ鍋」をはじめ，広大な十勝平野をイメージさせる「大平原」，「ひろびろ」，松浦武四郎が記した十勝日誌をもとに着想した銘菓詰め合わせの「十勝日誌」などである。

そして，このような「十勝地域に根ざしたストーリーや季節感」は，必ずしも観光客に向けたものではない。六花亭の商品開発の理念は，「十勝地域の消費者が日常食べるおやつ，子どもが毎日食べられるおやつ」を作ることである。地域の人が美味しいと思うものでなければならないし，地域の人が美味しいと

思えば自然と他地域に広めてくれるという発想から，価格も毎日おやつとして食べられる価格帯を想定して設定している。また，あくまで地域の人に向けた菓子であるため，商品ラインナップの中には日持ちのしない商品，数時間以内に食べなければ味が落ちる商品も含まれている。

「機械に合わせた菓子づくりはしない」というのが豊四郎氏のポリシーであり，現社長である小田豊社長が指揮を執る現在も受け継がれている。現在の商品開発の手順は，豊氏や社員が発案したものを開発室メンバーが開発・試作，それを豊氏が試食し，改良を重ねていく。豊氏が納得するものができたら，その味や品質を維持しつつ実際に生産することが可能かどうか検討し，さらに製造ラインを含めた試作を重ねる。このプロセスでひとつの製品が完成するのに，これまで最長で2年を要している。発売された後も，商品には改良が加えられる。マルセイバターサンドも現在の商品に至るまで何度も改良されている。

菓子は歴史もあり，また全国各地，世界中で作られているとともに，存立する地域特有の素材を活用することでさまざまな製品が開発され続けているため，まったく新しい製品を開発することによる経営展開は困難である。したがって，世の中にある菓子にどう手を加えれば六花亭らしいものになるか，それが開発の起点となっており，現在でもそのマインドは受け継がれている。つまり，六花亭の商品開発の思想は，既存の菓子を参考にし，創意工夫を重ねることで「六花亭らしさ」をいかに表現するか，ということに集約される。

### 2 ホワイトチョコレートの特徴と販売戦略

先に述べた六花亭の主力商品のひとつでもある「マルセイバターサンド」は，東京の有名なレストランである小川軒が発売していた「レイズンウィッチ」がモデルである。小川軒のレイズンウィッチはビスケットにショートニングをサンドしたものであったが，六花亭ではそこにホワイトチョコレートを原材料として使用し，北海道産のフレッシュバターから製造したクリームに混合し，レーズンを入れてサンドしている。また，商品名は十勝開拓の祖，依田勉三が

興した晩成社が明治30年代に北海道で初めて商品化したバター「マルセイバタ」に由来し，包装紙にもこの「マルセイバタ」のラベルを使用している。

　日本で初めてのホワイトチョコレートの開発を行った六花亭であるが，その後現在に至るまでさまざまな企業がホワイトチョコレートの開発・販売を行ってきている。六花亭製のホワイトチョコレートは，当初は「味が違う」との評価を得ていたが，現在では，ホワイトチョコレートの一般流通，他社の技術の向上，外国製品の国内流通などによってその差別化が困難になってきた。そこで六花亭は，ホワイトチョコレートそのものの売上を伸ばすのではなく，ホワイトチョコレートを素材として活用することで，製造する菓子全体の売上の底上げを図っている。つまり，さまざまな菓子メーカーが後に開発し，販売してきたホワイトチョコレートが消費者に受け入れられると同時に，六花亭の商品のアイデンティティを際立たせるという戦略を採用したのである。

　ホワイトチョコレートを加工用原料として使用する場合，ほかのチョコレートに比べその扱いが困難である。ホワイトチョコレートは通常のチョコレートと違い，ココアバター，牛乳，砂糖から作られており，ココアパウダーを含んでいないため，白色で製造することができる。しかし，ココアパウダーの主成分であるテオブロミン，カフェインを含んでいないことから，消費期限が短く，またチョコレートの特徴的な香りが薄れているため，ほかの食材の匂いが移りやすいという特性を持つ。つまり，通常のチョコレートに比べ，保存や加工が難しい食材であるといえる。これを解決するために，六花亭ではマルセイバターサンドなどに使用しているホワイトチョコレートの製造に使用するミルクの加工工程に独自の技術を活用することで，半製品の段階での差別化を図っている。

### 4.8.4　まとめと六花亭における専有可能性

　今日，わが国では，全国各地でさまざまな和菓子，洋菓子が大規模，中小規模問わずさまざまな企業で製造されるとともに，近年においては海外から多種多様な洋菓子が輸入され，東京を中心に多様な商品展開がされている。市場の

飽和化が顕著である菓子市場で経営を展開するためには，各企業が独自の技術を構築することで，特徴的な菓子製造を行うことが重要であると考えられる。

　本事例で取り上げた，北海道十勝地域に存立する六花亭は，存立している十勝地域で製造している菓子という特徴を表現するために，同社を特徴づける製品であるホワイトチョコレートの活用や地域にちなんだ菓子製造を行っていることがわかる。つまり，「十勝らしさ」，「六花亭らしさ」といった特徴を強く表現した菓子製造を行っているのである。

　このような「らしさ」の発揮には，他者には真似することのできない，その企業が構築してきた特殊な技術や製法，または存立している地域の特徴的な特産物を活用することで，企業の独自性を打ち出すことで専有性を確保していくことが重要であると考えられる。菓子は全国各地で多様な製品が製造されていることから，まったく新しい製品を開発することは困難であるが，そこに独自に構築した技術による「らしさ」を付与することができれば他者との差別化につながる。六花亭においても，ホワイトチョコレート，マルセイバターサンドをはじめ，製造する菓子についてはやはり独自に構築した技術を用いて「らしさ」の付与を行ってきており，それが今日の六花亭の経営につながっているといえよう。

## 4.9　住民参加型の食の臨床試験システムの構築

西平　順・奥村昌子

　食品には3つの機能がある。1つは生命を維持するために栄養素を与える栄養機能（一次機能），2つ目が香りや色など嗜好や感覚面に働きかけるおいしさに関わる感覚機能（二次機能），そして，生体調整に関する機能（三次機能），いわゆる食品の機能性である。特定保健用食品（トクホ）や機能性表示食品，北海道認証の機能性表示食品（ヘルシーDo）は，科学的な根拠を証明した機能性を表示して販売することができる食品である。

　食品の機能性の科学的な証明には，基礎研究と臨床研究が必要となる。最初に基礎研究で食品の成分と働きを細胞や動物を用いた実験で証明し，さらに食

経験等から有効性や安全性を担保する。次にヒトを対象とした臨床研究において，機能性成分を用いた食品の摂取による効果を検証する。本項では，地域の食材の機能性を評価する機関として設置された北海道情報大学健康情報科学研究センターが推進する食の臨床試験システム「江別モデル」について，システム構築の背景と概要，これまでの実績などについて概説し，地域における食の臨床試験システムの役割について考察する。

### 4.9.1　食の臨床試験システム：江別モデルの誕生

　北海道は疾病の予防や健康増進に繋がる機能性を有する食材（農産物，海産物，発酵食品等）が豊富である。札幌・江別地区は，北海道の食材を生かした食品開発を推進し，国際的にも競争力のあるグローバルフードバレー構想を掲げて取り組んできた。特に，江別地区は「食の健康と情報（知）の拠点」として地域の活性化を推進している（西平，2011，2012，2013）。

　食の知の拠点づくりの端緒として，2007年度から5年計画で始まった知的クラスター創生事業（現：地域イノベーション戦略支援プログラム）の「さっぽろバイオクラスター"BIO-S"」の取り組みを挙げなくてはならない。この事業では北海道の農水産物の機能性や安全性について科学的に検証し，付加価値をつけることを課題に，研究開発から事業化まで発展させる取り組みが行われた。この取り組みの中で基礎研究の成果を健康増進や予防医療への実践・応用に移行するためのシステムとして共通基盤技術研究が設けられた。共通基盤技術研究は，①機能性食品の臨床試験を管理・運営する組織体制の構築，②臨床試験データなどの個人情報の管理体制の構築，③食品開発に関わる人材育成システムの3つをテーマに進められた。これらのテーマを実施・実現する地域として札幌に隣接する江別市がモデル地域として選ばれ，市内にある北海道情報大学内に健康情報科学研究センターが設置された。

　江別市は人口約12万人で，農業や酪農業が盛んであり，北海道立総合研究機構食品加工研究センターや4つの大学を有するなど，機能性食品の開発研究に相応しい条件が揃っている。2010年2月には北海道情報大学，食品加工研

究センター，江別市が包括協定を結び，「食と健康と情報」をテーマとした街づくりの推進がスタートした。この取り組みに江別市保健センターや江別市立病院の協力などを得て，2010年度には臨床試験に参加するボランティアの個人情報や臨床データ整理までワンストップで実施できる体制も整い，江別市や札幌市などの住民を中心に臨床試験ボランティアの募集を開始した。

### 4.9.2　ワンストップで行う食の臨床試験

　食の臨床試験の基本的な仕組みは，創薬の治験システムGCP（Good Clinical Practice）を参考に構築されている。対象となる食素材は原則として非臨床試験である基礎研究（in vivoおよびin vitro試験）で安全性と有効性が示されていること，さらに食経験などにより食品を長期間摂取した場合における安全性が担保されていることが条件となる。すなわち，基礎研究において安全性と有効性が証明された後，その食素材を用いたヒトを対象にした臨床試験（ヒト介入試験）に入ることができる。試験の流れは，食品企業や研究機関から試験依頼を受け，試験プロトコル作成，倫理審査・承認，臨床試験，データ解析，報告書作成のプロセスに沿って進められる。倫理審査では，医学と法律等の専門職，社会科学系の非専門職，外部委員から構成される北海道情報大学生命倫理委員会によって，試験の安全性および倫理面での厳正な審査が行われる。

　基礎研究の段階で十分な調査・研究ができない企業に対しては，臨床試験に入るまでのサポートなどコンサルティング業務を行う仕組みを取り入れ，「ワンストップでできる食の臨床試験」の実施を目標としている。現在，健康情報科学研究センター内に遺伝子制御研究室と分子機能解析室，バイオ情報解析室を設置し，細胞培養技術や遺伝子解析技術を用いた非臨床試験による安全性と有効性に関する実験が可能な研究環境を整備している。

　食の臨床試験の実施は，被験者の安全性を確保することが最も重要である。健康情報科学研究センターは，医療機関（診療所）として登録しており，その構成員は，医師をはじめ，看護師，臨床検査技師，管理栄養士など医療従事者が臨床試験の安全性や実現可能性を事前に検討し，試験の実施までのサポート

を行っている．また，試験コーディネータ，システムエンジニア，統計処理担当，学術部門も整備し，充実したスタッフで臨床試験を円滑に行える体制となっている．

### 4.9.3 大学の専門性を生かした機能の整備

健康情報科学研究センターがある北海道情報大学は，情報を専門に扱う大学として平成元年に創設された．臨床試験では被験者の個人情報の保護や匿名化や暗号化などの情報の厳密な管理が求められる．健康情報科学研究センターは設立当初から大学の情報センターと連携し，食の臨床試験システムに関する情報管理を専門に行う健康情報データセンターを整備し，サーバ構築，データ管理の仕組みなど，大学の強みである情報技術を活用した情報管理を行っている．

被験者の募集にはWEBを用いており，このWEBシステムを利用した機能性食品の臨床試験に関する情報提供を行っている．具体的には，データベースを利用したボランティア情報の管理，HTMLやWEBアプリケーションによるサービス（臨床試験の内容や新着情報の案内ページの提供，臨床試験の結果の閲覧と結果データに基づいた生活習慣に関するアドバイス）を行っている．また，この仕組みに，EDC（Electronic Data Capture）を取り入れ，大学病院等で実施している新薬の治験のデータセンターとしても機能するなど，独立した外部データセンターとしてデータ管理を実施する機能を持つ組織への展開を計画している．

また，2013年度からは「健康チェックステーション」事業をスタートしている．この事業は，健康情報科学研究センター，江別市保健センター，診療所，地区センター，子育て支援施設など，江別市内10カ所に健康チェックステーションを設置し，住民が健康カードに登録することで，食の臨床試験時の血液データを閲覧できるだけでなく，体組成や血圧を測定し，自分の健康データを随時アップデートしながら，健康管理をできる仕組みとなっている．健康チェックステーションで得られるデータも健康情報データセンターで管理できるよ

うになっており，日常生活で得られたデータは市内の診療所や保健センターと共有することが可能なシステム設計になっている。そのため，登録者本人の同意があれば，診察時や保健センターでの健康相談の際，サーバに蓄積された情報により健康状態に関するデータを医師や保健師が把握することができ，より適切な診断やアドバイスにつなげることができる。

健康情報データセンターのデータ管理システムは，セキュリティレベルもより高度化し，食の臨床試験に限らず，医薬品の治験に関するデータ管理も実施できる体制を目標に構築を進めている。

### 4.9.4　北海道フード・コンプレックス国際戦略総合特区との関係

2011年12月に北海道は日本で唯一の「食」の国際戦略総合特区として指定された。国際戦略総合特区とは，総合特別区域法に基づき，経済を牽引することが期待される産業の国際競争力の強化のために，国が国際レベルでの競争優位性を持ちうる地域を厳選し，当該産業の拠点形成に資する取り組みを総合的に支援する制度によって選ばれ，札幌市，江別市，函館市，十勝管内全19町村で形成されている。

"さっぽろBIO-S"で設置された食の臨床試験システムは，北海道フード・コンプレックス国際戦略総合特区（以下フード特区）における食の機能性を評価する仕組みとして活用されている。特に，フード特区の事業のひとつである「北海道食品機能表示制度」（"ヘルシーDo"）において，食の臨床試験システムは食の機能性を科学的に証明し，国際的にも競争力のある付加価値の高い商品へと高める重要な役割を担っている。

### 4.9.5　江別モデルを中核とした地域の健康づくり

食の臨床試験システム「江別モデル」の特記すべき特徴として，地域住民が食の機能性評価システムに理解を示し，市民が支える仕組みに育った点が挙げられる。江別市と北海道情報大学が進める「食と健康と情報」をテーマとした街づくりにおいて，江別モデルは，食の機能性を証明することに加え，地域住

民の参加による住民の健康を守るための仕組みとして機能している。

　食の臨床試験の目的と取り組みに理解を示した地域住民は「食の臨床試験ボランティア」として登録し，札幌近郊の住民も含め 2016 年時点で約 6,400 名に増加している。まず，年代や性別，身体状況，事前に行うスクリーニング健診の結果から，それぞれ食の臨床試験の目的に合致したボランティアが選定される。食の臨床試験が行われる食材の機能性の効果が期待できる集団に対して，そのニーズに応えられるボランティアの確保は臨床試験の重要な課題である。そのため，ボランティア自身が臨床試験に参加することで健康管理につなげられるような仕組みづくりを工夫している。

　先述した WEB による健康情報のフィードバックシステムのほかにも，江別市内の健康チェックステーションでは，定期的に医師や管理栄養士による講座などのイベント（ヘルシートーク）を開催し，食の臨床試験システムの周知と健康教育を通した健康情報の発信も行うなど市民全体への啓発活動も行っている。

　さらに，2014 年度からは食と健康のレコメンドツールの開発に着手した。これは健診データや食生活状況に合わせたより個別化したアドバイスがパソコンやモバイル機器に送られてくるサービスである。これまでに蓄積されたデータから食生活を基盤にした健康増進や疾病予防のモデルを構築し，ボランティアが利用することで地域の罹患率を抑制することを目指しており，数年をかけて地域住民のニーズに合ったツールの開発に取り組んでいる。

　このように食の臨床試験"江別モデル"は，臨床試験を基盤にボランティアが継続的に健康づくりを実施できる仕組みに発展しており，これまで多くの好意的な感想が寄せられている。ボランティアは継続して参加する傾向にあり，食の臨床試験システムの仕組みを自分の健康づくりに活用していることもうかがえる。

　食の臨床試験システムのボランティア数は毎年増え続けている（図表 4 - 18）。このおかげで 200 ～ 300 人規模の大型の臨床試験にも対応できる臨床試験システムに発展している。この傾向は，2013 年度のフード特区指定や北海

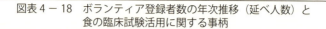

図表4－18　ボランティア登録者数の年次推移（延べ人数）と食の臨床試験活用に関する事柄

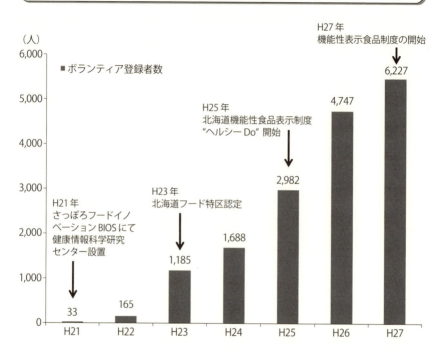

出所：食の臨床試験登録ボランティアデータより作成。

道機能性食品認定制度の導入，また2015年度から新たに導入された国の機能性表示食品制度などと連動し，道や国の食産業の発展とともに順調に増加している。

### 4.9.6　食品企業の挑戦を支える食の臨床試験システム

　これまでヒトを対象にした食の介入試験は，資金力の豊富な大手食品企業において実施され，多くの中小の食品製造企業にとってハードルが高く実施することは難しいものとなっていた（樋渡，2012）。豊富な食資源を有する北海道の多くの企業も同様な課題を抱えており，科学的エビデンスに基づく食品の機能

性を活用した新たなビジネスモデルも模索してきた。このような背景から「さっぽろバイオクラスター BIO-S」で北海道の食材に付加価値を付けることを目的として，食のヒト介入試験が実施されることになり，誕生したのが食の臨床試験システム「江別モデル」である。低コストで高品質な臨床試験をモットーに，北海道，江別市，ノーステック財団，北海道フード特区機構と北海道情報大学などの産学官の組織が連携し食素材や食品の機能性を評価のコスト面でのハードルを下げ，地域の企業のより積極的な参入を促している。

2009年からこれまでに50件以上の試験を実施してきた（図表4－19）。臨床試験規模も20名程度の小規模のものから300名規模のものまで受け入れている。これまで玉ねぎやアスパラガス，カボチャ種子油など北海道の農産物の健康増進効果の科学的な評価によって，それらの機能性を新たな付加価値とした販売戦略のもと多数の商品が販売されている。2015年度から導入された国の新たな表示制度の導入により，道内企業だけでなく道外からも多くの試験を受託するまでに活動が広がっている。

以上の業績により，全国イノベーション推進機関ネットワークの「イノベー

図表4－19　食の臨床試験の実施数および試験をした食品や機能性素材の例

| 年度 | 試験数 | 試験をした食品や機能性素材の例 |
| --- | --- | --- |
| 2009 | 2 | 小豆スイーツ，低分子ポリフェノール |
| 2010 | 4 | アスパラガス，赤玉ねぎなど |
| 2011 | 8 | ヨーグルト，豆乳パン，カボチャ種子油，ハトムギ，長いも，フルーツポリフェノール，機能性スイーツなど |
| 2012 | 4 | ゴールド玉ねぎ，アスパラガス，ヨーグルトなど |
| 2013 | 8 | GABA強化米，おから粉末，チコリー茶，大豆加工食品，長ネギ，韃靼そばなど |
| 2014 | 12 | 数の子，シャンピニオンエキス，ビフィズス菌，タモギタケ，マイタケ，鮭の白子など |
| 2015 | 16 | 緑茶，大豆，蕎麦，小豆，梅エキスなど |

出所：報告書用資料から作成。

ションネットアワード 2016」において文部科学大臣賞を受賞した。地域の産業を地域住民が支え，同時に地域の健全な活性化につながる新たな健康推進モデルへ発展し，さらに将来，この健康増進モデルがヘルスケア分野のビジネスモデルとして国内外で展開することが期待されている。

# 第5章
# 何を学ぶべきか：海外の先行事例

金間大介

## 5.1 オランダ・フードバレーの仕組みと日本への示唆*

### 5.1.1 はじめに

　オランダは，伝統的な交易の交差路としての強みを活かして，EU圏内の大消費地へ食品や農産品を送り届けることを戦略的に強化してきた。このようなオランダの食や農の産業の強さの背景にあるのが，フードバレーと呼ばれる食の科学とビジネスに関する一大集積拠点である。そしてその中心にあるのがワーヘニンゲン大学リサーチセンター（ワーヘニンゲンUR）である。

　ワーヘニンゲンURの戦略の特徴は，企業の課題解決や新商品開発などのニーズに敏感に反応した研究体制が敷かれている点にあり，その結果，現在ではワーヘニンゲンURは世界の農業科学分野において大きな存在感を示している。特にフードテクノロジーの領域では高い競争力を保持するに至っている。また，社会科学的なアプローチや，持続的な発展を志向した高度専門人材の発掘・育成にも力を入れている。このようにフードバレーの取り組みは，日本で食と農の産業クラスターの構築を設計する場合に参考とすべき点も多い。

　繰り返しになるが，日本にとって食と農の競争力強化は，今後の国の成長を

---

*本節は金間大介（2013）「オランダ・フードバレーの取り組みとワーヘニンゲン大学の役割」科学技術動向 No.136, pp.26-32 を引用し，これを大幅に加筆・修正したものである。

支える重要な柱の1つである。また農業の競争力強化は，土地のあるところが出発点となることから，最初から地域振興とセットであるというところが大きな特徴である。農業における高付加価値化はそのまま地域経済の活性化につながる。加えて，食品産業全体としてとらえると，加工，流通，販売など，ほかの産業の知見を取り入れることによって新たな付加価値を生み出すことが期待される。

　このような観点をいち早く取り込み，実際に成功させているのがオランダである。オランダは，土地の多くが肥沃とはいえない不利な農業条件にも関わらず，伝統的な交易の交差路としての強みを活かして，EU圏内の大消費地へ農産物を送り届けることを戦略的に強化してきた。その結果，米国に次ぎ世界第2位の食料輸出国として農業分野で高い競争力を保持するに至っている。特に野菜や果物，花卉類の輸出は世界一となっている。そこで本節では，オランダのフードバレーの取り組みを紹介するとともに，その中心的な役割を果たしているワーヘニンゲン大学の活動について概説する。

## 5.1.2　オランダ・フードバレーの仕組み

### 1　オランダの農業の特徴

　オランダは国土面積4.15万$km^2$（九州4.22万$km^2$），人口1,659万人，GDP約6千億ユーロで，歴史的に海路を活かした貿易が盛んな国として知られる。ライン川下流の低湿地帯に位置し，国土のおおよそ4分の1が海面より低い干拓地で，最高地点も322mとほぼ平坦な地形をしている。農産物の輸出額はおおよそ570億ユーロで米国（約900億ユーロ）に次いで世界第2位の規模を誇っている。ただし，加工貿易が盛んな分，原材料や飼料としての農産物の輸入も多く，約340億ユーロの農産物を輸入している。このように同一産業内で輸出額と輸入額がともに大きくなるのはEU各国の貿易の特徴となっている。それでもオランダの食品産業がこれほど注目を集めるのは，輸出額と輸入額の差（輸出入超過額）の大きさで，約230億ユーロという輸出超過額は，同じようにEU域内の農業国として知られるフランス（約110億ユーロの輸出超過）の約2倍で

図表 5 － 1　世界の食料輸出入額（2010 年）とその差額（折れ線グラフ）

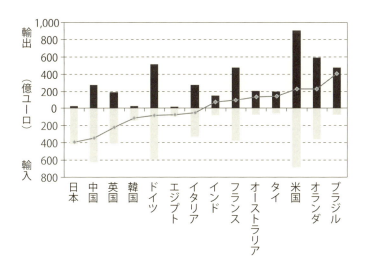

ある。この値から，オランダの食品加工産業の付加価値の高さがうかがえる。ちなみに当時の日本の食料の輸出額は約 20 億ユーロ，輸入額は 430 億ユーロとなっており，約 410 億ユーロの輸入超過額は世界一である。

## 2　フードバレーの仕組み

　このようなオランダの食品産業の強さの背景にあるのが，フードバレーと呼ばれる食の科学とビジネスに関する一大集積拠点である。フードバレーとは，オランダの首都アムステルダムから南東方向約 80km に位置したところにあるオランダの食関連企業と研究機関が集積した地域を総称した呼び名で，1997 年に顧客志向で商品やサービスを創造する世界規模の食品研究開発拠点を築くべく，産学官が一体となってワーヘニンゲンに集積したのが始まりとされる。その後，ワーヘニンゲン大学とその近隣に集まる研究機関を統合してワーヘニンゲン UR が設立された（図表 5 － 2）。

　ワーヘニンゲン大学は農業技術・食品科学部，動物科学部，環境科学部，植

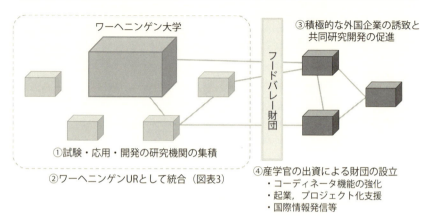

図表 5 − 2　ワーヘニンゲン UR 設立の変遷

出所：2011 annual report, strategic plan 2011-2011 より。

物科学部，社会科学部の 5 学部で構成されており，学生数は約 8,000 人，教職員は約 2,950 人となっている（Wageningen UR, 2012）。また，農業，畜産，流通，環境，経営など，農業に関連する総合的な知識を学ぶ機関として，ファン・ハル・ラーレンスタイン応用科学大学がある。さらに，ビジネス志向の研究拠点を標榜するだけあり，独自のビジネススクールもある。

　試験・応用・開発研究を担う専門機関として，食品・生物学研究所，畜産・獣医学研究所，アルテラ自然環境研究所，国際植物研究所，LEI イノベーション研究センター等がある。これらの機関では，食品の品質検査や加工，保存に関する試験等のさまざまな研究サービスが提供されている。食品関連企業にとっては，これらの機関の持つ最新設備や専門人材へのアクセスが容易となることもフードバレーに参加する大きな要因の1つとなっている。また，このように研究機関と大学，食品関連企業等が密接に連携する中では多様で細かなサービスに対するニーズが発生するため，その解決を提案するベンチャー企業が生まれている。ワーヘニンゲン大学で学位を取得した高度な専門人材がこの役割を担うことも少なくない。

さらに 2004 年には，食品業界を牽引する数社とオランダ政府，ヘルダーランド州等の地方自治体が連携して，コーディネータ的な機能を持つフードバレー財団を設立した。フードバレー財団は次の 5 つのサービスを活動の目的としている。1 つ目は企業と研究機関，または企業同士を結びつけるネットワーク機能の発揮である。2 つ目は，さまざまな革新的プロジェクトの支援である。技術を移転するだけでなく，スピンオフや起業を促し，その発展段階をサポートする。3 つ目はオランダから EU 全域にわたって，農産物・食品分野の「知」を集積する働きかけである。4 つ目はほかの農産物・食品クラスターとの国際的な提携関係の構築である。連携を広げることで，会員に参画メリットを還元できる。5 つ目は国際会議や展示会でフードバレーやその成果を紹介する普及活動である（メンスィンク・アナマリ，2011）。

このような目的のもとで活動した結果，現在フードバレーには 1,500 を超える食品関連企業や化学企業などの民間企業が集積している。このように国際色豊かで，多くのオランダ以外の企業が参加している背景には，EU 市場の入り口や物流拠点としての活用，食関連の研究集積地としての知へのアクセス，食や農に関する新たな需要の把握などが挙げられる。

### 5.1.3　ワーヘニンゲン UR の役割

すでに明らかなように，ワーヘニンゲン UR はフードバレーの中心的な役割を果たしている。ワーヘニンゲン UR の戦略として，①科学のための科学ではなく社会的・経済的に価値のある研究をすること，②顧客に合わせた研究プログラムとすること，③企業や公的機関等と密に連携すること，などが挙げられている。特に注目されるところとして，「企業にビジネス需要があったときが研究のスタート地点になる」（メンスィンク・アナマリ，2011）と表明しているように，企業の課題解決や新商品開発などのニーズに敏感に反応した研究体制が敷かれている点が挙げられる。

このような取り組みの結果，ワーヘニンゲン UR は世界の農業科学分野において大きな存在感を示している。図表 5 − 3 は，Elsevier 社の論文データベー

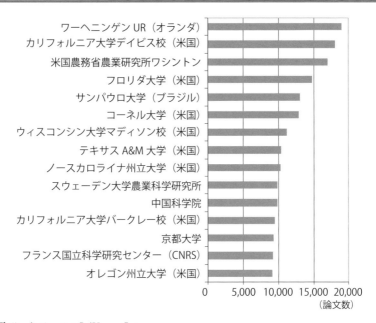

図表 5 − 3　農学・生物学領域の学術論文の著者所属機関

使用データベース：SciVerse Scopus
検索条件：Agricultural and biological sciences 領域のうち Article あるいは Review の全論文。
検索年：1980.1.1 - 2015.5.31
抽出論文数：2,125,548

ス Scopus で独自に分類している 27 分野のうちの 1 つ「農学・生物学領域」における学術論文の著者の所属機関ランキングである。ワーヘニンゲン UR は米国の著名な大学等を押さえてトップとなっている。

特にワーヘニンゲン UR の実績で最も突出しているのはフードテクノロジーの領域である。食品の加工や保存の領域では，鮮度を落とさずに肉や野菜，果物や花などをいかに生産地から消費者に届けるかについて，さまざまな角度から研究が進められている。図表 5 − 4 は，食品加工の領域における学術論文の著者の所属機関ランキングを示している。ワーヘニンゲン UR はここでもほかの機関を大きく引き離してトップとなっている。オランダの選択と集中の成果

図表5－4　食品加工領域の学術論文の著者所属機関

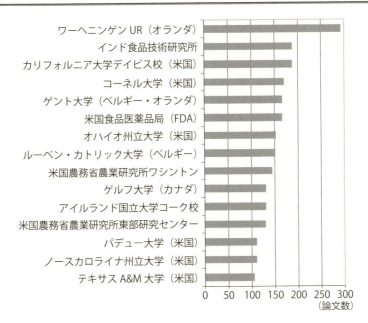

使用データベース：SciVerse Scopus
検索条件："processed food" or "food processing" or "food process" or "food production"
　　　　をタイトル，概要，キーワードに含む論文。
検索年：1980.1.1 - 2015.5.31
抽出論文数：21,485

がここに現れている。

## 5.1.4　考察：日本でのイノベーション拠点形成の可能性

　農業は地域性が色濃く反映される産業と言われる。これはその土地の気候や風土，文化的・歴史的背景等によって，栽培される農産物に大きな地域差が生じるためである。一方，食料品製造業は市場に近いほど効率が良く，高い鮮度を保ったまま市場に届けることができる。

　オランダでは自然発生的に市場にゆだねるのではなく，政策的にワーヘニンゲン地区にイノベーション拠点をつくることに成功した。これは日本にも応用

可能だろうか？　そのことを考えるために，もう一度オランダのフードバレーの発展プロセスを整理する。

　第1に，オランダは伝統的な交易の交差路としての強みを活かして，EU圏内の消費地へ食品を送り届けることを戦略的に強化してきた。つまり，もともと一定の前提条件が整っていたといえる。そこへ野菜や果物，花卉類の高付加価値農産品にターゲットを絞り勝負した。戦略的に農産物を選択し，世界トップとなるまで徹底的な効率化を図ってきた。農産物の選択には，想定輸出国におけるマーケット・リサーチが出発点となっている。国際的な需要の把握には，現地における市場調査のほかに，国外企業の誘致も積極的に図っている（堀，2010）。

　これは，大企業の工場を誘致して経済効果や雇用創出効果を狙うような，いわゆる日本国内で見られるタイプの誘致ではなく，諸外国の市場を握っている企業との情報交換を目的とした誘致である。当然，オフィスを構える企業側にもインセンティブがなければならない。それが，フードバレーが生み出す最先端科学の知識ということになる。

　第2に，オランダは輸出額が多いことはよく知られているが，輸入もまた多いことはあまり知られていない。これはオランダに限らずEU諸国に共通していえることである。図表5－1でわかるように，フランス，イタリア，ドイツ，英国らもほぼ同じ構造となっている。つまり，第1の点と関連して，もともとEU内では多くの商品が行き来する中で，オランダは高付加価値の農産品に焦点を絞ったに過ぎない。また，発足当初からEU諸国へ送り届けることを志向しているため，農産物の栽培，加工に関するコストや付加価値を考慮することはもちろんのこと，保存，流通，販売経路といった視点での研究開発にも力点を置いた拠点づくりを行った。

　第3に，その手段として，もともと農業系の大学があったワーヘニンゲンに食と農に関するニーズの集約を図った。同時に，課題解決型の研究開発組織を多く配置した。その上で，中心にフードバレー財団をつくり，次の5点をミッションとした。

① 企業や研究機関，企業同士を結びつけるネットワーク機能の発揮
② さまざまな革新的プロジェクト，スピンオフ，起業の支援
③ 農産物・食品分野の「科学知」を集積する働きかけ
④ 農産物・食品クラスターとの国際的な提携関係の構築
⑤ 国際展示会等でのフードバレーやその成果を紹介するための普及活動

　先に述べたように，EU 内では交易が活発であったために，各国・各地域では特定の産業や事業に特化するケースは少なくない。例えばオランダのすぐ隣のベルギーには，世界的に著名なマイクロエレクトロニクス関連の研究開発拠点：IMEC がある。同国のフランダース州とルーベン大学に最先端の施設を設置すると同時に，半導体企業が抱えるニーズや技術的課題に対応するための機能を導出した（森本・坪田・安藤，2010）。今では多くの日本企業も IMEC に参加している。詳細はほかの文献に譲るが，その設立背景や発展プロセスはオランダのフードバレーと類似していることがわかる。そう考えると，非常に古い時代から EU 域内の各地方には，世界的に名の知られたブランド的拠点が多く点在していることに気づく。次節で紹介する食品ブランドの多くも同様である。
　さて，あらためて日本での応用展開を考えたとき，最も重要となるのは次の 2 点である。
① 研究開発機関を集約すべき候補地は存在するか？
② EU ではもともと交易が盛んであるがゆえに国外のニーズ情報を集めやすい構造にあった。日本でこれに代わる仕組みを構築することはできるか？

　①の視点については，すでに文部科学省や経済産業省をはじめさまざまな取り組みが行われている。「知的クラスター事業」，「産業クラスター事業」，「COE (Center of Excellence) 事業」などは，すべてその名の通り知識や産業，科学技術の集積を図ったものである。
　一方で，②についてはイメージすることも難しい。これまで日本はこのニーズ情報を集約するという点において目立った成功例がなく，苦手分野といえ

る．その理由はよく知られるように，内需に依存したビジネスが中心であったためで，特に食品分野はその傾向が強いことはすでに第3章の企業の国際化で見てきた通りである．

日本における食品クラスターの取り組みは，どちらかというと「日本の強みを海外へ」というスローガンのもとで国内の産学官の連携を築いていく，という姿が見受けられる．このような連携はもちろん必要であるが，オランダの場合はそれに加えて，海外企業をニーズ情報の窓口として見る姿勢が定着している．ただ，もともとEU域内の貿易が活発だったオランダと異なり，日本では海外企業をそのように扱う姿勢は定着していない．日本の場合は，政策的にこれを強化していく必要がある．

さらに，仮に本書が提案するような取り組みが奏功したとしても，地方には一部の勝ち組企業ができるだけで，地域全体としては大きな発展は見込めない可能性が高い．そのために，成功企業による再投資の仕組みと産業クラスターとしての発展までを視野に入れた構想を学ぶ必要がある．このことによるメリットは大きく分けて2つある．1つは，当該地域における知識還流の拠点化である．拠点というのは本来，自己成長機能を兼ね備えるものである．フードバレーのように，「そのことを学びたければその地域へ」という概念が広く浸透すれば，半自動的に自己成長フェーズへと移行できる．多くの地方がこのように何らかの拠点となれば，東京一極に集中することなく，地方から地方へ知を求めて人が動くことになる．

もう1つのメリットは，再投資を行う企業にある．フードバレーの事例でも，事業から得た収益の一部を使って，研究員の雇用，ベンチャー企業や大学へ投資などを行っている．このことによって優秀な人材が当該企業に集まるだけでなく，新たな知やビジョンがそこで発生する．結果的にその地域は1つのクラスターとなってまた次の知を引き寄せる．

＜言葉解説＞
論文検索使用データベース

　査読付き学術雑誌論文に関して，アウトプットの精度および信頼性を確保するため，世界的に影響力を有する査読付き学術雑誌（peer-reviewed journal）を十分に網羅し，それを含む明確な収録基準と収録誌が公表されているデータベースのこと。本研究ではエルゼビア社の「Scopus」を用いた。Scopus には，世界 5,000 以上の出版社の 20,500 誌以上のジャーナルが収録されている（うち，日本のジャーナルは 400 誌以上）。

## 5.2　先行する海外の地方食品ブランド

　食のグローバル化が進んだ今，一般家庭において当たり前のように認知されている海外ブランドの食品がある。例を挙げると「ボルドー」と聞けば「ワイン」と連想することができ，またどこの国，地方で作られたものかを察することもできる。そこで 2014 年度に北海道情報大学の金間研究室（当時）では海外の主要な食品ブランドの発展経緯を細かく分析した。本節ではその結果を概説する。

　調査方法としては，当該製品がブランドとして成り立つにあたって，どこの国でいつ誕生し，メインプレーヤーは誰だったか，どのような取り組みをしたのか，どのような課題に直面したか等を調査し，そこから考えられる共通の要因を抽出してカテゴライズした。調査対象の選定に必要な条件として，

・名前を聞いたときある程度の生産地がわかる
・製品カテゴリーが判断できる
・世界規模で流通している
・調査するにあたって，日本語あるいは英語で十分な資料が手に入る

といった要件を満たしているものを取り上げた。その結果，図表 5 − 5 に示し

図表5－5　調査した10種類の海外ブランド食品

| 海外ブランド | 国（地域） | 主な製品 | 取組・概要 | 誕生した年 |
|---|---|---|---|---|
| オージービーフ | オーストラリア | 牛肉 | 厳重な品質チェックとトレーサビリティの充実，消費者の嗜好に合わせるため飼料選びから品質向上に努めている。BSE対策も徹底している。 | 1788年 |
| 王室御用達ショコラティエ | ベルギー | チョコレート | 厳正なる審査の元，選び出された「王室御用達証」という証明書を与えられたブランド。「王室御用達証」はその信頼を証明するもので，行き届いたサービスと良質の商品を提供しているということを意味し，この保持者は5年に1度再審される。 | 1926年 |
| カマンベール・ド・ノルマンディー | フランス | チーズ | フランスのAOCに認定され，厳しい審査を合格した，製造工程の詳細の記載や品質保証がなされたもの。 | 18世紀後半 |
| パルマハム | イタリア | ハム | 豚の餌から加工されるまでパルマハム協会の監視が入り，厳しい審査の元通過したものにパルマの焼印が押される。 | 紀元前5世紀（解明されていない） |
| ボジョレーヌーボ | フランス | ワイン | ボジョレー地方で作られたワイン。2カ月程度で完成し，11月の第3木曜日に市場に出回る。一種のお祭のよう。毎年フランスボジョレーワイン委員会がその年の出来を発表する。 | 紀元前2世紀（解明されていない） |
| ブルーマウンテン | ジャマイカ | コーヒー | ブルーマウンテン山脈の標高800～1,200mにあるブルーマウンテンエリアで作られたものがブルーマウンテンと名乗ることができる。流通の8割が日本に集中している。 | 1728年 |
| ブルガリア・ヨーグルト | ブルガリア | ヨーグルト | 1997年～2002年にかけて「ヨーグルト・プロジェクト」を実施。日本では農林水産生産局，明治乳業が関係した。 | 紀元前（正確なデータなし） |
| スコッチ | スコットランド | ウイスキー | スコットランドの各地で生産されている蒸留酒。地方ごとにピートなどの分量で細かく分類されている。 | 1494年（記録上） |
| サンキスト | アメリカ | 柑橘類 | アメリカの農協で最も成功したといわれている農産品ブランドの1つ。オレンジで有名になった。 | 1893年 |
| フォンテラ | ニュージーランド | 乳製品 | 2001年に国際市場の競争力強化のため3つの協同組合が1つになった企業。現在世界4位の売上高を持つに至っている。 | 2001年 |

た10種類のブランドが抽出された。

### 5.2.1 オージービーフ

オーストラリアの重要な産業の1つであるオージービーフは，安心安全と品質保証を追求しながら大規模な輸出を行っている。牛肉の輸出量では2011年ではメキシコ，カナダに続いて世界3位である。餌にBSE発症の原因でもある肉骨粉を使用しないことで未然に防止し，家畜伝染病の口蹄疫は地理的に隔離されているため未発症となっている。日本ではBSE発症に際して各国に対し牛肉の輸入制限をかけたが，オージービーフは対象外であったことからもその安全性が窺える。

オーストラリア政府と食肉業界が共同で設立したセーフミートという委員会がある。セーフミートは1998年に設立された委員会であり，全世界の規格に合致させるための品質管理システムの構築プログラムの実施，より高品質な食肉を生産するための研究開発，食品の安全性についての緊急対策の検討などを実施している。

### 5.2.2 王室御用達ショコラティエ

「100%カカオのチョコレート」ということがこだわりであり，高品質を保証している。欧州会議で，カカオ豆以外の油脂の含有量が5%以内のものであれば「チョコレート」と名乗ることができることとなったが，ベルギーはカカオバター100%であるものがチョコレートであるという姿勢を取り続けている。

その中でも王室御用達ショコラティエは，厳正なる審査のもと，選び出された「王室御用達証」という証明書を与えられたブランドのみだけが名乗ることができる。この保持者は5年に1度再審される。現在認定されている企業は以下の6つの企業である：ノイハウス（Neuhaus）・ゴディヴァ（GODIVA）・ガレー（Galler）・ヴィタメール（Wittamer）・メリー（MARY）・ヴァンデンダー（VAN DENDER）

### 5.2.3 カマンベール・ド・ノルマンディー

18世紀にフランスのカマンベール村で誕生したチーズで，起源は「ブリー」

というチーズである。市場に出回るカマンベールチーズはその味を評価されたことや，製法が簡単だったため容易にコピーができたことで広まったとされているが，推測の域を出ない。全世界で流通しているカマンベールであるが，中でもフランスのノルマンディーで作られたチーズ，カマンベール・ド・ノルマンディーがブランドとして高い価値を持つ。フランスの法律であるAOC（原産地統制呼称）に認定されたカマンベールチーズでもあり，通常のカマンベールよりも高価になる。また，ノルマンディー地方で作られなければこの名前を名乗ることはできない希少性も要因となっている。

### 5.2.4 パルマハム

イタリアの主要都市のひとつパルマ市で作られる世界三大ハムの1つであり，乾燥した気候と徹底した材料によって作られ「材料は豚，塩，空気，時間だけ」といったPRまでされる。

DOP（保護指定原産地表示）の1つとなっており，産地保証による品質管理のため，この名称を使用する条件は厳しく管理されている。この機能はフランスのAOCと同様である。また，パルマハム協会が存在し，原料の豚の餌から屠殺場まですべての工程にパルマハム協会の監視が入り記録するなどトレーサビリティが充実している。細かく厳しい基準を設け，基準値を超えたものがパルマハムとしての王冠柄の焼印を押すことができ，マーケティング，品質管理，ブランド保護すべてを行っている。

### 5.2.5 ボジョレーヌーボ

フランスのボジョレーで生まれたガメイ種というブドウを使い，2カ月程度で作られるワインである。販売が開始される時期が決まっており，11月の第3木曜日と法律で設定されている。毎年フランス・ボジョレーワイン委員会がその年の品質を評価し，その評価を受け取りフランス食品復興会が発表する。日本ではそれを意訳し，毎年恒例のキャッチコピーが発表される。また当時フランス情報局というロイターの前身であるメディアのプッシュもあり，広く認知

されるようになった。

　ボジョレーヌーボは味を楽しむものでもあるが，その年のブドウの質などを確かめる試飲新酒という色合いがある。もともとは当地にいた農民が収穫を祝ったのが始まりでお祭り的要素の強いワインともいえる。基本的にワインは熟成されるほど価値と味が上昇するが，一部のワイン愛好家からは，その年のボジョレーヌーボの出来ばえでブルゴーニュ全体の出来を予想することができることで注目されている。

　日本では，日付変更線の関係上，販売の解禁が早く，また出荷量は世界1位である。日本に上陸したのは1980年代のバブル時代であり，「外国の高価な輸入ワイン」というものが当時の日本人には大変ヒットした。バブル崩壊後は減少したが，1990年代にポリフェノールが健康に良いという情報が発信され再び消費量が増加した。

　近年では日本国内で価格競争が起こり，安売りされることが頻繁に発生してしまい，結果として，ボジョレーワイン委員会から「ブランドとしての価値が落ちる」という旨の警告が出されることになった。

　それでも依然として日本はボジョレーヌーボの輸入量世界1位である。2012年で6.6万ヘクトリットル，ボトル換算で880万本と，2位米国の1.6万ヘクトリットル，220万本を引き離し世界トップである。先に述べたように，毎年キャッチコピーが発表されるのだが，それらを並べてみると皮肉にも10年に一度，あるいは50年，100年に一度という品質が毎年のように出ていることがわかる。

1998　「10年に1度の当たり年」
1999　「品質は昨年より良い」
2000　「出来は上々で申し分の無い仕上がり」
2001　「ここ10年で最高」
2002　「過去10年で最高と言われた01年を上回る出来栄え」
2003　「100年に1度の出来，近年にない良い出来」

2004 「香りが強く中々の出来栄え」
2005 「ここ数年で最高」
2006 「昨年同様良い出来栄え」
2007 「柔らかく果実味が豊かで上質な味わい」
2008 「豊かな果実味と程よい酸味が調和した味」
2009 「50年に1度の出来栄え」
2010 「2009年と同等の出来」
2011 「2009年より果実味に富んだリッチなワイン」
2012 「ボジョレー史上最悪の不作」
「糖度と酸度のバランスが良く，軽やかでフルーティーな仕上がり」
2013 「みずみずしさが感じられる素晴らしい品質」

### 5.2.6 ブルーマウンテン

　20世紀初めに労働者不足によりコーヒー業界が低迷したが，20世紀半ばに日本が手を貸す形で復興した。「ジャマイカ・ブルーマウンテンコーヒー開発事業」を円借款によって推進し，さらに日本がブルーマウンテンというブランドをつくり上げた。栽培区画は国によって管理されるなど，徹底してブランド化されおり，収穫は急斜面のため機械ではなく手作業で行われるため，生産量が限られ希少である。

　流通量は80％が日本で，世界にはあまり出回ってはいない。当時の宣伝文句に「英国御用達」や「エリザベス女王が飲んだ」など不確かな情報が伝播したことで高価格路線となった。収益が見込めるため日本の企業が極端にブレンドして薄めたブルーマウンテンが出回った。その結果，生産量の倍以上の数が日本に流通するという事態になった。

### 5.2.7 ブルガリア・ヨーグルト

　ヨーグルトの不老長寿説を発表し，ヨーグルトブームの火付け役として知られているのが，ロシアの生物学者イリヤ・イリイチ・メチニコフである。メチ

ニコフは，1908年にノーベル生理学・医学賞を受賞している。老化の原因に関する研究をしていたメチニコフは，ブルガリアの長寿とヨーグルトの関係に注目した。ブルガリアのスモーリン地方には，80歳や90歳，100歳を越える高齢者が多いことに驚き，彼らがヨーグルトを常食していることを発表したことから注目を集めるようになった。

　ブルガリア国内では豊富な乳酸菌を保有しているが，国営企業の未熟な技術レベルや，機材の老朽など多くの要因から生かし切れずにいた。ブルガリア政府は日本に援助を要請し，1997年〜2002年にかけてブルガリアはっ酵乳製品開発計画が開始された。農林水産省生産局，明治乳業株式会社が参加した。効果としては管理，生産，マニュアル等を大幅に発展させることに成功した。なお，ヨーグルト製品に「ブルガリア」という名をつけるにはブルガリア政府の認証が必要となる。

### 5.2.8　スコッチ

　スコットランドで生産されているウイスキーで，主な生産地はスペイサイド，ハイランド，ローランド，アイラ，キャンベルタウン，アイランズの6つの地域である。細分化は大まかに地域・ピート（泥炭）・シングルモルト or ブレンデッドの3つである。

　世界的に有名になったきっかけとして1880年代，フィロキセラ虫による葡萄園の大打撃が挙げられる。それによりブランデーが市場に出回らなくなり，それが追い風となりスコッチ，ひいてはウイスキーが注目され世界的に有名になった。

　ブランドの最大の特徴として，製品や製法の多様性がある。蒸溜釜の形，加熱方法，冷却方法，操作条件他があるがすべてが解明されているわけではない。消費者としては，自分に合うスコッチを見つけ出すことも魅力の1つとなっている。

### 5.2.9 サンキスト

カリフォルニア州とアリゾナ州のシトラス生産農家によって構成されている協同組合である。最大規模の柑橘類生産出荷協同組合の1つ「サンキスト・グローワーズ」がブランドを管理しており，利益はすべて組合員に還元している。アメリカ連邦政府および州政府の監督当局のもと，規則に従って栽培と包装が行われている。強みとしては手法を一元化してそこで1つのブランドをつくり，組織としてそこで安全基準や品質管理を行い，手続の簡素化をしている点に挙げられる。

また，利益はブランド名を貸し出すことでも得ており，日本では森永乳業株式会社が「サンキスト」の名前を使った清涼飲料を販売している。つまり，生産や販売だけではなく，幅広いマーケティング活動と多方面からの収益化を戦略としているといえる。

### 5.2.10 フォンテラ

キーウィ酪農協同組合，ニュージーランド酪農評議会，ニュージーランド酪農グループが合併した乳業会社であり，2013年度では世界4位の規模を持っている。フォンテラはニュージーランド最大の企業であり，2008年度には売上が160億NZドル（約1兆660億円）に達し，組合員数10,500名，従業員は国内外を含め16,000人，国内に26，海外に30以上の工場を有し，世界140か国に乳製品を販売している。日本は米国，中国に次ぐ3番目に大きな販売先となっている。

合併の目的は規模の経済を実現することで，酪農産業に生じている協同活動の困難を取り除くことにあった。2013年の世界の乳生産量は7億8,000万トンで，ニュージーランドの生産量はその2.5％である。一方，輸出に関しては，世界の総輸出量5,290万トンに対し，ニュージーランドは1,670万トンでその32％を占め，EU全体の輸出量1,210万トンを超えて世界第一位となっている。

## 5.2.11 考察：ブランドの体系化と日本への示唆

### 1 ブランドのカテゴライズⅠ

ここで以上のブリーフ・ケーススタディのまとめとして，分析した10種類の海外ブランドのカテゴライズを行った。図表5－6，図表5－7にその結果を示す。

① 政府支援型

政府が取り組みの支援を積極的に行う。例を挙げると法の整備や委員会の設立などがこれにあたるが，より具体的にはさらに次の2つに分けられる。

A）品質管理型

徹底的な安全性や製造過程の追求などを国と企業が協力して行う。

B）産地保証型

法律により，原産地や細かい規定を満たしたものだけが産地名を商品に付けることができる。そのことによって高品質であることを保証し，プレミア感を上乗せすることができる。

またAとBにある違いは，大まかに分けるとこのようになる。

Aの価値＝「安全」，「安心」

Bの価値＝「プレミア」，「高価」

図表5－6　10種類の海外ブランドのカテゴライズ

| カテゴリー | | 該当するブランド |
|---|---|---|
| ① 政府支援型 | A）品質管理型 | オージービーフ，王室御用達ショコラティエ |
| | B）産地保証型 | カマンベール・ド・ノルマンディー，パルマハム |
| ② メディア主導型 | | ボジョレーヌーボ，ブルーマウンテン |
| ③ 他国協力型 | | ブルガリア・ヨーグルト |
| ④ 多様性型 | | スコッチ |
| ⑤ 生産拡大型 | | サンキスト，フォンテラ |

② メディア主導型

　報道関係を利用することで高い認知を獲得する。真偽の定かは重要ではない。

③ 他国協力型

　他国が要請を受け，その国の産業の再生と活性化に向けて協力する。

④ 多様性型

　地域によって同じ原材料でも製法や器具，わずかな分量の違いで異なる味が生まれ，多くの品種を楽しむことができる。

⑤ 生産拡大型

　企業や団体が合併することで巨大な経営基盤を有する。その結果，高い生産性を持ち，事業拡大する力も有しており非常に安定している。

　以上，いずれの分類も明確に区分できるわけではないが，一言でブランドといっても，多様なタイプが存在することがわかる。そしてやはり狙いとプロセスをリンクさせて検討する必要がある。日本のブランドを鑑みると，多様性型と産地保証型の組み合わせが結果的に多くなっていると考えられる。結果的に，というのはすなわち，それを狙った戦略というわけではなく，各地域が横並びで競うようにブランドを主張した結果である。例えば，産地を保証する仕組みである「地域団体商標」には，2015年9月1日段階で584件もの登録がなされている。もはや地元の人間でも聞いたことのない"ブランド"がたくさん含まれている。これではブランド化が進む前に疲弊してしまう危険性が高い。例えばスコッチのように，まずは大枠の土俵を形成し，他国でも認知できるレベルまで簡潔かつ大きくした上で，同時に多様性をアピールする戦略が望ましい。

## 2 ブランドのカテゴライズⅡ

　次に「安価・安定供給」路線と「高価格・高品質」路線の2つに分類し，ブランドごとのメインターゲットはどの層にあるかを考える。

図表5−7　各ブランドのメインターゲット

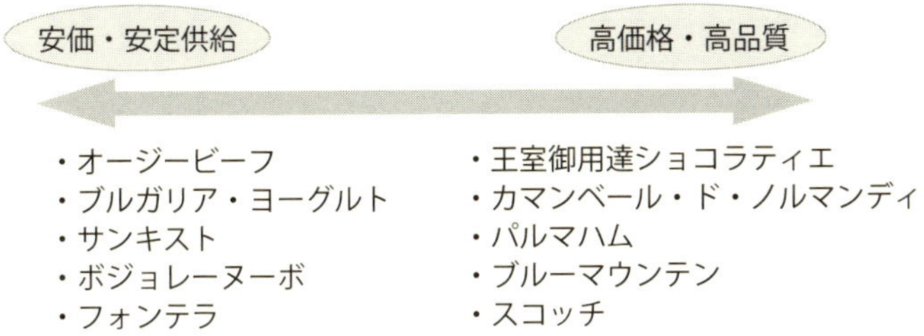

　　　安価・安定供給　　　　　　　高価格・高品質
　　　←――――――→　　　　　←――――――→

　・オージービーフ　　　　　・王室御用達ショコラティエ
　・ブルガリア・ヨーグルト　・カマンベール・ド・ノルマンディ
　・サンキスト　　　　　　　・パルマハム
　・ボジョレーヌーボ　　　　・ブルーマウンテン
　・フォンテラ　　　　　　　・スコッチ

1. 安価・安定供給

　商品を日常的に目にし，実際に購入する機会が比較的多いもの。

2. 高価格・高品質

　同種の食品よりも品質が優れているものやプレミア感があるもの。

　こちらの分類も明確なすみ分けは難しいが，その狙いは明らかである。オージービーフとパルマハムは明らかにターゲットも立ち位置も異なるし，ブルガリア・ヨーグルトとカマンベールチーズも，同じ乳製品であるにも関わらず，提案する消費シーンがまったく異なる。単に知名度が向上するだけではブランド化には至らず，収益化も実現できない。そのため，自社（地域）が持つリソースを十分配慮した上で，ターゲットを見極めていくことが望まれる。

# 第6章
# 考察：食品の高付加価値化と収益化

金間大介

　本書の第3章では，日本の食料品製造業を取り巻くさまざまな状況が示された．また，各地域の食料品製造業の付加価値の高低が明らかになった．この分析からは，すでに各市や地域によって収益力に大きな差が生じていることも同時に判明した．続く第4章では，地方で活動する企業の取り組みや，業界内の主導権争いの様子が示された．

　本書の目標は食品産業における高付加価値化による収益化，そしてそれを実現する仕組みづくりである．そこで本章では，これまでの議論を基に「付加価値を高める」，「付加価値を収益に変える」の2つの視点に分けて議論を進める．

## 6.1　付加価値を高める

　そもそも食品の付加価値とは何だろうか？　ここでは，これまでの調査研究の結果をもとに食品の付加価値を4つに分類し議論を進める．

### 1 食品のモノとしての価値

　食品はモノであり，作るのは製造業である．したがって当然のようにモノとしての価値が存在する．これが1つ目の食品の価値である．

　大規模な機械化による大量生産が行われるようになって以来，私たちの身の回りには安価で良質なモノが多く出回るようになった．この安価であることと

良質であることは，モノの価値として非常に重要である。基本的に消費者はこの二面でモノの価値基準をはかり，供給者もこの2軸で競争と差別化を行う。

食品の場合，安価であることは基本的には量的価値と等価であるといえる。実際に近年では少しずつ内容量を減らすことで1パッケージ当たりの価格を低く維持する例も多い。ただし，食品における量的価値は単にボリュームに関することだけではない。カロリーや糖質，脂質，タンパク質，ビタミン等の各種成分の含有量もまた，量的価値としてみなすことができる。一世帯当たりひと月平均の食費支出額は6～7万円であるから，この額で最低限必要なカロリーや栄養分を賄わなければならない計算になる。

食品のモノとしての価値において，量的価値の対極にあるのが質的価値である。食品の質でまず挙げられるのが味，つまり美味しさである。厳密にいえば，味は内容成分の量と配合で構成されるものであるため，量的要素が少なからず関与している。しかし，美味しさはこれに加え，加工調理法，形，温度などによって大きく変化する。

また，質的価値としては，見た目の美しさや保存，加工のしやすさも含まれる。日本では特にこれらの点が優れていないと売り上げにつながらない傾向にある。農産物はその典型例で，まったく同じ品種，重量，鮮度であったとしても，見た目が不格好だと最後まで売れ残ってしまう。実際は，それを見越して出荷前にいわゆるハネ品として廃棄することが多い。このように，質的価値は量的価値よりも複雑な要素の集合体であるといえる。

ただし，モノとしての価値はそれだけではなく，均質であることも極めて重要である。均質であることとは，いつ，どこで買っても同じ機能，同じ性質，同じ構造，同じ分量のモノが手に入ることを指す。このことを消費者は普段あまり意識していない。しかし，仮にこれが実現していないと，消費者は大きな混乱をきたし，その製品を提供した企業は窮地に陥るだろう。普段あまり意識しないこの均質性は，モノとしてとても重要な価値であることがわかる。

そして均質性は，食品においては極めて重要な基準となる。食品のパッケージには，成分やカロリーが含まれる分量ごとに示されている。その中に入って

いる食品は必ずその通りに作られていることが約束されている。そして，言うまでもなく体に害のあるものは決して含まれていない。しかも，食品は短い時間で品質が変化し，腐敗し，最終的に体にとって有害なものとなる。このように，ほかの工業製品に比べ物質的に不安定なものを均質性を担保した上で提供し続けるには，高度な技術と安定した仕組みが欠かせない。

### 2 食品の情報としての価値

食品がモノである限り，モノとしての新たな価値を提案していくことは当然である。ただし，近年の製造業はモノとしての価値に情報的要素を付与したり，モノの情報的側面を強く打ち出すような戦略が目立つようになった。

さて，それでは食品の場合はどうだろうか？　ここでは食品の情報的価値を次の3項目に分けて議論する。

① 栄養価（機能性成分）

栄養価は本来，モノとしての価値に含まれる要素である。実際に糖質，タンパク質などはモノの量的価値として議論した。ただし，ここでは機能性成分に焦点を当てて考えてみたい。

2015年4月に機能性表示食品制度が開始された。国の定めるルールに基づき，事業者が食品の安全性と機能性に関する科学的根拠などの必要事項を販売前に消費者庁長官に届け出れば，機能性を表示することができるようになった。この制度を利用する場合，食品表示法に基づく食品表示基準や「機能性表示食品の届出等に関するガイドライン」などに基づいて，容器包装への機能性表示を行う。この制度以前にも，国全体としては「特定保健用食品」（トクホ），地方の取り組みとしては「ヘルシーDo」（北海道）などが科学的根拠を基にした機能性表示を認可してきたが，本制度はさらに事業者の敷居を下げ，自主的な活用を促す狙いがある。

これら機能性の代表例がポリフェノール，イソフラボン，カテキンなどである。ポリフェノールもイソフラボンも，食べたからといってすぐに実感できるわけで

はない。また，機能性表示食品制度は第3者が安全性と機能性の審査を行わないため，事業者はみずからの責任において科学的根拠を基に適正な表示を行う必要がある。つまり，消費者はモノを購入しているというより，そこに付与されている情報に価値を認め，信用して購入している。この場合の情報とは，科学的成果の根拠であったり，それを行ったとする企業への信頼などである。これらは明らかにモノの情報的側面を強調した価値付与と差別化といえるだろう。

② 安全・安心

食品の情報的価値の2つ目は安全・安心である。安全であることと安心であることは同じベクトル上にあるように認識されているが，実際はまったく異なるベクトルを持つ要因として機能することも多く，場合によっては真逆の指向性を持つ。食の安全・安心といえば，産地偽装や異物混入などの事件が脳裏をよぎるが，これらは問題が発覚して初めて不安感を覚える。純粋な安全性という意味では，問題発覚後の方が同業他社がみずからを戒める等の効果により高まっている可能性があるにも関わらず，人々の安心感は逆に低下する。

したがって，消費者は安全であることにはもちろんのこと，安心感にも対価を払うようになる。割高な国産品が購入されるのは，単に品質が良いからだけではない。この意味で，農産物においてはトレーサビリティが大きな意味を持つ。この食品の原材料はどこで，いつ，誰によって生産されたものなのかという情報は，大きな価値となり得る。○○産と銘打った食品や○○物産展といった企画が人気を博していることも，類似した価値情報付加の例である。問題は，誰かがルールを犯し，それが発覚した時のダメージが甚大であるということである。機能性表示食品制度のように，事業者の自己責任が高まる方向にある今，業界としての取り組みがみずからの商品の価値を大きく左右することになる。

③ ストーリー・歴史・文化

食品の情報的価値づけの3つ目はストーリーである。ストーリー的要素を事業戦略の中に取り組むことは徐々に浸透してきた（楠木, 2010）。食品の場合

は，ここに歴史，伝統，文化などの要素を加えておきたい。2つ目のトレーサビリティや産地表示と似た概念ではあるが，こちらはむしろ企業や商品が持つストーリー性に着目する。江戸時代から続いている商売であれば創業○年という情報を売りにしない手はないし，皇族に献上した経験を持つ食品も同様である。また，このような権威化はできなくても，「両親への感謝の想いを形にした食品」といった事実があれば，ストーリーを乗せた企画化がしやすい。さらに近年では，一般に「ペルソナ・マーケティング」と呼ばれる，ターゲットをたった一人に絞った商品開発をすることで，消費者の生活にどんな価値をもたらすことができるのかを，より具体的でリアリティのある形で商品提供を行う例も増えている。

　楽しさや遊び心を食品に乗せて提供することも行われている。バレンタインデーにチョコを贈るという日本独特の習慣は，戦後，製菓企業のキャンペーンから始まったということはよく知られる話である。同じチョコレート菓子でいえば，受験生に向けて「きっと勝つ」という願いを込めて「KitKat」（ネスレ）を提案するといった取り組み例もある。これらの例もまた，日常的な菓子にストーリー性を付与した価値づけといえる。

### 3 食品の体験としての価値

　食品の第3の価値は体験としての価値である。最近のマーケティングでは，ストーリーと並んで定石となっているのが「体験型マーケティング」と呼ばれる手法である。恒常的なモノの供給過多で顧客の選好も厳しく洗練されていく中で，商品の特長を知識として伝達する一方向アピール型のプロモーションでは，なかなか売上を伸ばせない時代となっている。そこで注目されるのが「体験を売る」というアプローチである。商品を消費する方法は顧客によってさまざまである。そこで事前にその一部を体験してもらい，購入につなげてもらうという狙いである。

　食品の例でいえば，そば打ち体験のそば粉や，料理教室の食材などが該当する。例えばそば粉は，本来はそばになるための中間的な食材に過ぎないが，消

費者みずからがそばを打つという体験とともに消費されることで，別の価値が付与される。

また，特別なシチュエーションとともに提供される食品も体験的価値を帯びているものが多い。例えば，ウエディングケーキは，結婚披露宴の時のみ供される食品であり，挙式という体験とともに消費されて初めて価値を持つものである。

したがって，このタイプの価値づけでは，食の分野以外の異業種とのコラボが活発になされていることに気づく。例えば，観光業はもともと体験を最大の売りにしてきた業種であるが，近年ではグリーンツーリズムやファームスティと呼ばれるような，実際に農家に宿泊しながら収穫体験をし，自分たちで調理まで行うといったパッケージツアーが人気を博している。あるいは，映画やドラマで印象的だった食品を視聴者が追体験するといった企画もある。このように，異業種とのコラボは高い創造性が求められる一方，選択肢も多く，大きな可能性を秘めているといえる。

### 4 食べ物以外としての価値

食品の第4の価値は，食べ物以外としての価値である。目立たない価値ではあるが，日常の身の回りに溢れているのも事実である。刺身のつまやハンバーグの上に乗ったパセリなどは，もちろん食べることはできるが，実際は食されない場合も多い。ほかにも，ハロウィンのかぼちゃ（お化け）や墓参り時のお供え物，レストランのサンプル（化学製品ではないもの）なども，食されない食品でありながら，食品でなければならず，よって食品としての一定の価値を持っている。このように，食品の持つ美しさや芸術的意味合いの高いもの，儀式的意味において高い価値づけがなされている。

また，災害時の備蓄食料は，いずれ消費期限が近づけば消費されることになるが，本来は「そこにある」こと自体に価値がある食品である。逆に本来の役割通りに消費される（つまり被災する）ことは決して望まれない珍しいタイプの価値を持った食品である。

近年では，食材をエネルギー源として活用する技術も実用化されるようになった。いわゆるバイオマステクノロジーである。設備を大型化していく上では，とうもろこしなどが有力な候補となっているが，大量に出される廃棄食品の再利用にも高い期待が集まっている。つまり，もはや食されることのない食品である廃棄食品にも新たな価値づけがなされようとしている。

### 5 まとめ

このように，食品には付与する情報や体験によって価値化がなされる例は頻繁に見られるようになった。このことをもって競争領域がモノの価値から情報の価値へと移行したとする考え方もある。ただし，本書ではむしろ競争領域の多様化としてとらえる。そして多様化が進むということは，それらを組み合わ

図表6－1　食品の価値基準

| 価値区分 | 価値基準の例 |
| --- | --- |
| (1) モノとしての価値 | 価格（安さ），味（美味しさ），見た目（美しさ），保存性，加工性，均質性 |
| (2) 情報としての価値 | |
| 　①栄養価 | 機能性成分（科学的証拠） |
| 　②安全・安心 | 表示の明確化，業界によるルール，制度運用，トレーサビリティ |
| 　③ストーリー | 食品に付与されるストーリー，歴史，文化，権威化，楽しさ，遊び心 |
| (3) 体験としての価値 | 体験を伴う食品，他者体験の追体験，特別なシチュエーション |
| (4) 食べ物以外としての価値 | 芸術的価値，儀式的価値，存在としての価値，有機エネルギー源 |

図表6－2　食品の価値の組み合わせ

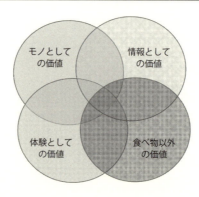

せた価値づけのポテンシャルが増大するということを意味する。後にあらためて整理するが，本書で取り上げた事例もまた多様な種類の価値を組み合わせることで事業を成功させている。

## 6.2 付加価値を収益に変える

　産業政策上，高められた付加価値は収益化され，（一定期間）守られることが望ましい。なぜなら，付加価値の向上には多くのリスクやコストが伴うからである。新たな価値が保護され，そして収益化されなくなると，結果的に誰もこれらのリスクやコストを負担しようとしなくなる。これは経済全体の便益の低下につながる。逆に，収益化された資本の一部は，新たな価値づくりに費やされる。こうして社会全体が発展していく。

### 6.2.1　競争優位性の確保に関する理論的背景

　ビジネスにおいて事業の拡大を目指すとき，対象とする商品の販売数の拡大を第一とする場合は多い。すなわち，売上高志向である。しかし，入山（2014）によると，市場の成長性が高く，売上高が伸びているからといって，利益率も高くなるとは限らない。その例として，2000年前後の米国における半導体や情報通信産業の利益率は低く，食品産業の利益率は高かった。前者の産業の方が市場全体の成長性は高かったにも関わらずである。すなわち，企業の収益性は，市場の拡大や需要の伸びだけでは説明できず，むしろ大事なのは，その事業が儲かる仕組みになっているかどうかである。

　そのための思考のヒントを与えてくれるのが，経済学の「完全競争」という概念である。完全競争は次の3つの条件を満たす市場の状態と考える（入山，2014）。

　　条件1：市場に無数の小さな企業があって，どの企業も市場価格に影響を与えることができない。

条件2：その市場に他企業が新しく参入する際の障壁（コスト）がない。
条件3：企業の提供する製品・サービスが，同業他社と同質である。すなわち，差別化がなされていない。

　このような市場となった場合の帰結は，「企業の超過利潤がゼロとなる」ということである。超過利潤とは，企業が存続可能な稼ぎ以外の利潤が一切ない，ということを指す。完全競争は，あくまでも理論的な状態であるが，現実としてこのような状態に近くなっている市場は多い。
　一方，完全競争の対極にあるのが「完全独占」である。これは，業界に1社だけが存在して価格をコントロールし（条件1の逆），他企業が参入できない状態である（条件2の逆）。1社しかいなければ，そもそも差別化もない（条件3が無効）。
　経営戦略論において，自社の経営リソース（ヒト・モノ・カネ・情報）が競争優位であるかどうかを知るために，VRIOフレームワークがしばしば用いられる。企業はそれぞれ独自で他社にとって模倣困難な経営リソースを活用しながら事業活動を展開している（ジェイ・B・バーニー，2003）。VRIOフレームワークとは，そのような競争優位となる経営リソースを特定する際に用いられるフレームワークのことである。
　VRIOフレームワークは，以下の4つの視点の頭文字からとったもので，企業の経営リソースの競争優位性はこの4つに分類される。

図表6-3　完全独占と完全競争のイメージ図

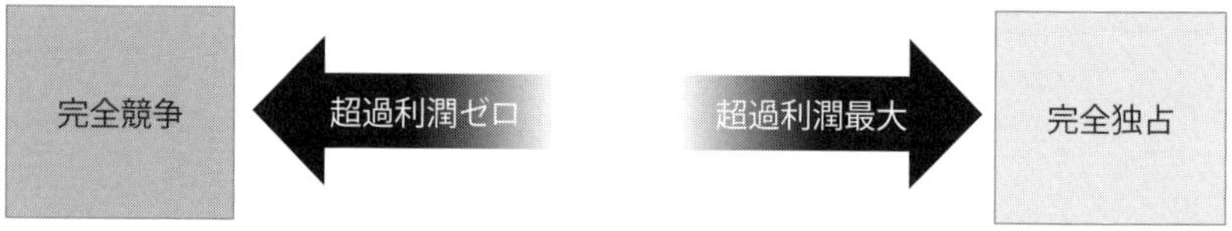

完全競争　←超過利潤ゼロ　　超過利潤最大→　完全独占

出所：入山（2014）より。

① リソースの経済的価値（Value）
② リソースの希少性（Rarity）
③ リソースの模倣困難性（Inimitability）
④ リソースを活用する組織（Organization）

① リソースの経済的価値（Value）
　企業が保有する経営リソースは，その企業が外部環境における脅威や機会にうまく対応できるかどうかを表す。また，保有するリソースを市場における価値に転換できているかどうかも関係する。その意味で，6.1節の付加価値を高めるという概念に相当する。

② リソースの希少性（Rarity）
　競争相手のうち何社がその価値ある経営リソースを保有しているかを表す。保有企業数が少なければ，少なくとも一時的な競争優位に立つことができる。

③ リソースの模倣困難性（Inimitability）
　そのリソースを持っていない企業が，そのリソースを得ようとしたときの障壁の高さを表す。模倣困難性が高いほど，他社が真似するのに多くの時間やコストが必要になる。模倣困難性はさらに以下の5つに分類される。

③-1　歴史的要因
　ある経営リソースが独自の歴史的要因から成り立っていたり，歴史的要因がなければ得られなかったものであると考えられる場合，他社がそれを模倣することは困難となる。

③-2　因果関係の不明性
　経営リソースの入手経路や形成過程が不明瞭なほど，他社は模倣することが困難になる。非常に多くの要因が競争優位性の形成に関与している場合なども含まれる。

③-3 社会的複雑性

　組織文化，経営者や従業員のコミュニケーション，サプライヤーやユーザなど取引相手との強いネットワークなど，物理的な要因以外の社会的要因が複雑であればあるほど，他社からはそれが見えにくくなる。

③-4 知的財産権

　その知的財産を他社が利用しようとする場合，あるいは同等の水準のものを1から生み出そうとする場合，多額のコストが必要になる。

③-5 技術的複雑性

　これは一般的なVRIOのフレームワークには含まれていない。しかし，特に製造業においては決して欠くことのできない重要なリソースである。特許には強い独占的排他権が与えられるが，その代わりに技術内容を公開しなければならない。したがって，一般的に製造方法に関する技術は，模倣される等の公開することのデメリットの大きさから，ノウハウとして秘匿する戦略が主となる。この技術ノウハウが複雑であればあるほど，他社は模倣しにくくなる。

④　リソースを活用する組織（Organization）

　仮に上記の3つの点のいずれか，あるいはすべてを保有していたとしても，それをうまく活用する組織がなければ根本的に競争優位性は実現できない。組織的な方針，報酬体系，情報共有システムなど，さまざまな補完的資産が競争優位性の実現に寄与する可能性がある。

## 6.2.2　ケーススタディの考察とまとめ

　本書では，ケーススタディの中で付加価値の向上と収益化に挑むさまざまな取り組みを見てきた。ここでは，あらためてこれらのケースを理論的な枠組みの中で解釈していくことにする。図表6-4は，本節で議論してきた競争優位性に関する項目をまとめたものである。これに本書で扱ったケーススタディの結果を当てはめた。「—」は該当せず，「△」はやや該当する，「○」は該当する，「◎」は「○」の中でも特に該当するというものでその内容を以下に記述する。

## 図表6－4　ケーススタディのまとめ

| ケース | ①リソースの経済的価値（付加価値を高める） | ②リソースの希少性 | ③リソースの模倣困難性 | | | | | ④リソースを活用する組織 |
|---|---|---|---|---|---|---|---|---|
| | | | 歴史的要因 | 因果関係の不明性 | 社会的複雑性 | 知的財産権 | 技術的複雑性 | |
| 高機能タマネギ | ○ | ○ | — | — | ○ | ◎ | ◎ | △ |
| 川西産ナガイモ | ○ | ○ | △ | — | — | ◎ | ◎ | ◎ |
| 江別小麦 | ○ | — | — | △ | ○ | △ | ◎ | ○ |
| アミノアップ化学 | ○ | ○ | — | — | ◎ | ○ | — | ○ |
| 豆腐製造業 | ○ | — | — | — | ◎ | ○ | ○ | ○ |
| 醤油醸造業 | ○ | ◎ | ○ | — | △ | △ | △ | △ |
| 六花亭製菓 | ○ | ◎ | △ | — | △ | ○ | ○ | △ |

各項目の記述のあとのカッコ書きは，特に該当する項目に対応している。ただし，各記述項目は複雑な要素を伴っているため，カッコ書きはあくまでも代表的な項目という位置づけになる。

### ケース1．高機能タマネギ

✓ 安定供給を第一とする農産品の流通システムにおいて従来のタマネギに求められる収量性，作業性，規格性などから，抗酸化作用，糖尿病予防，動脈硬化の抑制，癌の予防など，健康機能性へとタマネギの価値を変容させるため，フラボノイドの一種であるケルセチンを多く含む新品種「さらさらレッド」を開発した（③知的財産権・技術的複雑性）

✓ 通常のタマネギと見た目での差別化を図るため，赤タマネギの品種改良も取り入れ，アントシアニンの色素（赤色）を強調した（②リソースの希少性・③知的財産権）

✓ 「さらさらレッド」の生産にあたり，北海道栗山町に「さらさらレッド生産組合」を組織し，町の特産品として売り出す（④リソースを活用する組織）

✓ 生産組合員に対し種を無償提供し，栽培規定に則って生産された収穫物を

全量買い取る契約とすることで,「さらさらレッド」の流出を防止している（③社会的複雑性・知的財産権）

ケース2. 川西産ナガイモ
- ✓ ナガイモの生産を始める際に,ばれいしょ栽培で培った生産ノウハウをナガイモの栽培に活かすとともに,高度な輪作体系のノウハウを応用している（③歴史的要因・技術的複雑性）
- ✓ 無病種イモの確保と,徹底した圃場のウイルス・害虫の除去を行っている（③技術的複雑性）
- ✓ 種イモと圃場全域の管理には高度な技術が必要であると同時に,それを実行する組織力が求められる。川西地域を中心とした8農協での生産管理と,HACCPの取得による安全性の担保も組織的に進めている（④リソースを活用する組織）
- ✓ 北海道初の地域団体商標を取得し,希少価値を高めている（②リソースの希少性）

ケース3. 江別小麦
- ✓ 高グルテン含有で国産では珍しく強力粉に近い国産小麦「ハルユタカ」の独自開発を行っている（③知的財産権・技術的複雑性）
- ✓ 初冬まき栽培技術の開発により,「ハルユタカ」の収量と品質を大幅に向上させている（③技術的複雑性）
- ✓ 「ハルユタカ」の良さを普及させるための場づくりとして「江別麦の会」を関係各者とともに設立し,ネットワークの拡張を図っている（④リソースを活用する組織）
- ✓ 製粉会社の一般的な取引先である2次加工メーカー,卸売店,代理店などに加え,小麦農家や最終消費者のニーズまで含めたネットワークを構築し,情報の収集と還流に努めている。このことで,小麦粉関連の商品開発において取引先との関係を従属的な立場から主導的な立場へと変容させて

第6章 考察：食品の高付加価値化と収益化　171

いる（③因果関係の不明性・社会的複雑性）

ケース4．アミノアップ化学
- ✓ これまで難しいとされてきた担子菌（キノコ類）の菌糸体の長期培養を独自の無菌維持設備培養条件により可能とした（③知的財産権・技術的複雑性）
- ✓ 生体への吸収が低いとされるポリフェノールのポリマーを，生体吸収性および活性の高いオリゴマーへ変換した世界初の低分子化ポリフェノールを開発した（③知的財産権・技術的複雑性）
- ✓ 大阪大学大学院医学系研究科に寄附講座「生体機能補完医学講座」を，カリフォルニア大学デービス校栄養学部に「アミノアップ化学教育研究基金」をそれぞれ開設するなど，最先端の学術機関と連携し，商品の科学的根拠を担保している（③知的財産権・技術的複雑性）
- ✓ 従業員60名という規模ながら多数の学術論文を発表することで，科学的根拠を追求するとともに，国内外へ科学的水準の高さをアピールしている（④リソースを活用する組織）
- ✓ 毎年，札幌市内でAHCCの機能解明やAHCCを用いた疾病の予防・治療に関する研究成果を報告する国際会議を主催することで，世界的な機能性食品と予防医学のネットワークを構築している（③社会的複雑性・④リソースを活用する組織）
- ✓ 米国食品医薬品局（FDA）において，GRAS（一般に安全とみなされる物質）としてオリゴノールが認可されることで，一般食品市場向けにも販売が可能となる（②リソースの希少性）
- ✓ 「北海道食品機能性表示制度（ヘルシーDo）」を活用し，機能性の効果を保証している（②リソースの希少性）

ケース5．豆腐製造業
- ✓ 大豆の品種を限定するとともに自社の製法を組み合わせることで独自の豆腐の味を出し，差別化を訴求することが多い中，凝固剤の種類を変えるこ

とで味の向上と製法の簡略化によるランニングコストの低減を実現し，豆腐製造業の主導権を握ることに成功した（③知的財産権・技術的複雑性）
✓ 消費者の嗜好の多様化に応えるとともに，豆腐の消費シーンの拡大に努める（③知的財産権・技術的複雑性）

ケース6．醤油醸造業
✓ 地元函館の特産品である真昆布を醤油に加える（②リソースの希少性）
✓ 真昆布のうま味を最高の状態で引き出すための独自の火入れ工程の技術開発を行う（③技術的複雑性）
✓ 戦後の法整備により多くの中小企業の経営が安定するも，需要の低迷が差別化の困難度を浮き彫りにした。そのため，伝統的な醤油醸造工程の復活による昔ながらの独特の味を再現し，そのための技術ノウハウを再構築している（③歴史的要因・技術的複雑性）

ケース7．六花亭製菓
✓ 雪の降る北海道・十勝らしさを追求したストーリーや季節感を表現した商品を開発している（②リソースの希少性）
✓ 既存の菓子を参考に，独自の商品であるホワイトチョコレートを原材料として加えることで六花亭らしさを表現している。その際，ほかの食材の味や香りに負けやすいホワイトチョコレートの良さを引き出すための加工製造工程を開発している（②リソースの希少性・③技術的複雑性）
✓ 製造する菓子に適した原料を使用している。そのため道内産にはこだわらず，道内で最上の原料が入手できなければ，道外・海外からも調達する（③社会的複雑性・技術的複雑性）

　以上，これらの取り組みにより，すべてのケースにおいて競争優位性を確保するとともに，他社の模倣を困難とし，バリューチェーンにおいて従属的であった立場を主導的立場に変容させ，価格決定権を持つに至っている。また，い

ずれのケースでも，どれか1つの競争要因に頼ることはなく，いくつかの要素を組み合わせて競争優位性を確保していることがわかる。

# 第7章
# おわりに：TPP大筋合意を受けて

金間大介

　2015年10月20日に環太平洋パートナーシップ協定（TPP）が大筋で合意されたという発表がなされた。TPPは，アジア太平洋地域において，モノの関税だけでなく，知的財産，金融サービス，電子商取引，国有企業の規律など，幅広い分野でルールを構築する経済連携協定である。

　2010年3月にP4協定（環太平洋戦略的経済連携協定）加盟の4カ国：シンガポール，ニュージーランド，チリ，ブルネイに加えて，米国，オーストラリア，ペルー，ベトナムの8カ国で交渉が開始された。同年10月マレーシアが交渉参加し，計9カ国となった。その後，2012年11月に，メキシコとカナダが交渉に参加し，計11カ国となった。さらに月日を経て，翌年2013年3月に安倍晋三総理大臣が交渉参加を表明し，同年7月のマレーシアラウンドから日本も交渉に参加した。現在のTPP協定交渉参加国12カ国のうち，最も遅い参加表明となった日本は，途中参加となることですでに合意が得られつつあった不利な条件を飲まされるのではないかという懸念や，高い関税率を設定している農産品の関税が撤廃されることで，大量の廉価な海外農産品が輸入され，国内の農業が大きな打撃を受けるのではないかという不安感が蔓延した中での参加となった。

　TPP協定交渉参加国のGDPの合計は2015年時点で全世界のおおよそ36.3％を占める（うち，米国22.3％，日本5.9％）。これらの国が一同に経済協定を結ぶことで，幅広い経済主体が新たな市場開拓を目指し，より大きなグローバ

ル・バリューチェーンを構築することを促すとともに，TPPを契機としたイノベーションの促進や産業活性化を後押しすることを目的としている。2015年10月20日の発表では，国民の関心も高い関税について，次の2点が強調されている。
- 農産品の重要5品目を中心に関税撤廃の例外を数多く確保しつつ，全体では高いレベルの自由化を実現
- 自動車や自動車部品，家電，産業用機械，化学をはじめ，わが国の輸出を支える工業製品について，輸出相手となる11カ国全体で99.9％の品目の関税撤廃を実現

図表7－1はTPP交渉参加各国の関税撤廃率である。一目でわかる通り，日本以外のすべての国がほぼ100％の関税撤廃を表明することとなった。実際は，段階的に関税率を下げていき，最終的に6年や11年などの時間をかけて撤廃する処置を取る品目も多い。

それでは，日本だけが5％もの例外を許容される形となったが，それは何なのか？　図表7－2に，関税撤廃の議論の対象となった全9,018品目の状況を整理する。関税撤廃を免れた5％，すなわち443品目すべてが農林水産物であることがわかる。さらに，そのうち重要5品目に指定されているものが412品目を占める。逆にいえば，それ以外の農林水産物のほとんどは関税撤廃の対象となったということである。

図表7－1　TPP交渉参加各国の関税撤廃率

| 国 | 日本 | 米国 | カナダ | オーストラリア | ニュージーランド | シンガポール |
|---|---|---|---|---|---|---|
| 品目数ベース | 95% | 100% | 99% | 100% | 100% | 100% |
| 貿易額ベース | 95% | 100% | 100% | 100% | 100% | 100% |

| 国 | メキシコ | チリ | ペルー | マレーシア | ベトナム | ブルネイ |
|---|---|---|---|---|---|---|
| 品目数ベース | 99% | 100% | 99% | 100% | 100% | 100% |
| 貿易額ベース | 99% | 100% | 100% | 100% | 100% | 100% |

図表7－2　TPPの対象となった9,018品目と農林水産物の状況

| | | | 総ライン数 | 関税を残すライン | 備　考 |
|---|---|---|---|---|---|
| 全品目 | | | 9,018 | 443 | |
| | うち農林水産物 | | 2,328 | 443 | |
| | | うち関税撤廃したことがないもの | 834 | 439 | |
| | | うち重要5品目<br>(米, 麦, 甘味資源作物, 乳製品, 牛肉・豚肉) | 586 | 412 | |
| | | うち重要5品目以外<br>(特産畑作物, 果樹・野菜, 鶏肉, 林産物, 水産物 等) | 248 | 27 | 雑豆, こんにゃく, しいたけ, 海藻等 |
| | | うち関税撤廃したことがあるもの | 1,494 | 4 | ひじき・わかめ |

図表7－3　関税が完全撤廃される農産品の例

| 品　目 | 現在の関税率 | 合意内容 | 国内生産量<br>(直近3ヵ年平均) | 輸入量<br>(直近3ヵ年平均) | うちTPP参加国 |
|---|---|---|---|---|---|
| オレンジ<br>(生果) | 6月～11月 16%<br>12月～5月 32% | 4月～11月<br>段階的に6年目に関税撤廃<br>12月～3月<br>段階的に8年目に関税撤廃<br>(関税削減期間中はセーフガードを措置) | 86万トン<br>※直近4ヵ年平均<br>(うんしゅうみかんの生産量) | 12万トン<br>※直近4ヵ年平均 | 総計：11万トン<br>米国：8.3万トン<br>オーストラリア：2.7万トン |
| りんご<br>(生果) | 17% | 段階的に11年目に関税撤廃 | 74万トン<br>※直近4ヵ年平均 | 0.1万トン<br>※直近4ヵ年平均 | 総計：0.1万トン<br>NZ：0.1万トン<br>オーストラリア：0.003万トン |
| 茶 | 17% | 段階的に6年目に関税撤廃 | 8.5万トン | 0.5万トン | 総計：0.06万トン<br>オーストラリア：0.03万トン<br>ベトナム：0.03万トン |

　そこで図表7－3に，これまで関税をかけられていた農産品が段階的に完全撤廃されることになった例を示す。例えばりんご（生果）は現段階で17％の関税がかけられているが，これが11年をかけて段階的に撤廃に向かう。現在，国内生産が74万トン，輸入が0.1万トンとなっているが，この構図が17％の撤廃とともに変化するかどうかが市場の関心事である。輸入品0.1万トンのほとんどがニュージーランド産であることを考えると，ニュージーランドの政府や企業にとっては，17％の壁が取り払われることで，より攻勢を強めたいとこ

ろだろう。逆に国内の農家は，これを迎え撃つことができるかどうかが重要になる。

この構図は，生果品だけではなく加工食品にも当てはまる。例えば現在，21.0％〜29.8％の関税をかけられているアイスクリームは，今後6年間で63％〜67％削減される。

マスコミを中心とした一般的な論調は，このような関税撤廃の処置により廉価な輸入品が大量に流れ込むことへの懸念が主となっている。しかしこれは正しくない。輸入品が商品棚に並ぶかどうかは，あくまでも消費者が判断した結果である。本書で消費者行動論の知見を重視しているのはそのためである。

国産品にイノベーションが求められる必然性がここにある。これまで，農産品や食品のイノベーションは主に生産者側の便益を最大化する方向に働くことが多かった。生産性や流通性，販売特性などの改善がそれにあたる。実際，その改善・改良によって，地域や季節を問わず，多くの農産品や食品を安定した価格で手にすることができるようになった。

しかし，今後のイノベーションの方向性はより消費者を巻き込んだものになるだろう。すでに一部の優良な企業や農家，JAなどはその方向で改革を進めている。本書で紹介したケースはその一部である。このような取り組みが奏功するとき，農産品や食品には価格プレミアムが付き，より高い価格でも選択されるようになる。TPP交渉の大筋が明らかになった今でも，やはり高付加価値化とその収益化を実現する仕組みづくりが今後の最大の目標となることに変わりはない。

中小企業論等でよく語られるように，地方の中小企業こそ，このような仕組みをつくりやすい環境にある。商品多角化が進んだ大企業では現状維持の慣性が強く働き，なかなか尖った戦略を取ることは難しい。変化には多くの調整が必要となり，多くの調整がなされた結果は無難で，イノベーション創出の種とはならない。これまで議論してきたように，食品の分野には地方発のブランドが多く溢れている。売上高でいうと数十億円規模の中堅企業であっても，全国民が知るような商品もたくさん存在する。ほかの製造業ではこういった例はほ

とんど存在しない。食品は一点突破を目的としたニッチ戦略に適した製品といえる。

　先に述べた通り，TPP の交渉対象は関税だけではない。TPP は，参加国に「地理的表示（GI）」を保護する手続きの一環として異議申し立て制度の整備も要求している。例えば，焼酎「薩摩」といった日本の産地ブランドがほかの参加国で無断登録された場合に，日本の関係機関が現地で取り消しを求めることができる。日本政府は TPP の大筋合意を受け，著名な産地名を知的財産として指定する酒類の GI の保護体制を強化する方針を固めた。世界的な需要が高まっている日本酒や焼酎のブランド力を高めるため，酒類の GI 指定を拡大する予定である。2015 年時点で指定されている酒類の産地名は「薩摩」を含め 6 種類しかないが，新たに保護対象を広げる検討を開始した。このように，戦いを待ち受けるだけではなく，攻め入る体制の整備とその実行こそ重要であると考える。

　最後に，本書の一部は，以下の 2 つの研究助成により実施し得られた研究成果をもとに書かれている。
- 公益財団法人ロッテ財団「食と農に関する産業集積の形成要因の比較分析」（2014 年 4 月～2016 年 3 月）（研究代表者：金間大介）
- 江別市大学連携調査研究事業「知財情報をもとにした食品関連産業の競争力分析」（2014 年 6 月～2015 年 3 月）（研究代表者：金間大介）

# 引用文献

<第1章>
厚生労働省「国民健康・栄養調査」
総務省統計局「家計調査」
農林水産省「食料需給表」
新井ゆたか（2012）「2010年代は食品産業変革の時代」（新井ゆたか（編著）（2012）「食品企業 飛躍の鍵：グローバル化への挑戦」第1章）ぎょうせい

<第3章第1節>
Aaker, D. A. (2011) Brand Relevance: Marketing Competitors Irrelevant, Jossey-Bass.（阿久津聡他訳（2011）『カテゴリーイノベーション―ブランド・レレバンスで戦わずして勝つ―』，日本経済新聞出版）
Assael, H. (1987) Consumer Behavior and Marketing Action, Kent Publishing.
Brisoux, J. E. and E. J. Cheron (1990) Brand Categorization and Product Involvement, Advances in Consumer Research, 17, pp.101-109.
Grewal, D., M. Levy, & V. Kumar (2009) Customer experience management in retailing: an organizing framework. Journal of Retailing, 85(1), 1-14.
Howard, J. A. and J. N. Sheth (1969) The Theory of Buyer Behavior, John Wiley & Sons.
Faison, E.W. J. (1977) Neglected Variety Drive: A Useful Concept for Consumer Behavior, Journal of Consumer Research, Vol. 4, pp. 172-175.
Iyengar, S (2010) The Art of Choosing, Twelve.（櫻井祐子訳（2010）『選択の科学』文藝春秋）
Krugman, H. E. (1965) The Impact of Television Advertising: Learning Without Involvement, Public Opinion Quarterly. Vol. 29, pp. 349-356.
Laaksonen, P. (1994) Consumer Involvement: Concept and Research, Routledge.（池尾恭一・青木幸弘監訳（1998）『消費者関与―概念と調査―』千倉書房）
Simon, H. A. (1976) Administrative Behavior, 3rd ed., New York: Macmillan（松田武彦・高柳暁・二村敏子訳（1989）『経営行動』ダイヤモンド社）
Traylor, M. B. (1981) Product Involvement and Brand Commitment, Journal of Advertising Research, Vol. 21, pp. 51-56.
青木幸弘（1987）「関与概念と消費者情報処理―概念的枠組と研究課題（1）―」『商学論究』第35巻第1号，97-113頁
青木幸弘（1987）「関与概念と消費者情報処理―概念的枠組と研究課題（2）―」『商学論究』第36巻第1号，65-91頁
青木幸弘（1989）「消費者関与の概念的整理―階層性と多様性の問題を中心として―」『商学論究』第37巻第1・2・3・4号合併号，119-138頁
青木幸弘編著（2011）『価値共創時代のブランド戦略：脱コモディティ化への挑戦』ミネルヴァ書房
伊藤宗彦（2007）「製品化価格変動に対する品質推移の影響」『国民経済雑誌』第195巻第6号，83-98頁
小野晃典（1999）「消費者関与―多属性アプローチによる再吟味―」『三田商学研究』第41巻第6号，15-46頁
小野晃典（1999）「消費者関与―多属性アプローチによる再吟味―」『三田商学研究』第41巻第6号，

15-46 頁
小川長（2011）「コモディティ化と経営戦略」『尾道大学経済情報論集』第 11 巻第 1 号，177-209 頁
恩蔵直人（1991）「ブランド数の増加と製品開発」『早稲田商学』第 344 号，1009-10 頁
恩蔵直人（1994）「想起集合のサイズと関与水準」『早稲田商学』第 360・361 号合併号，90-121 頁
楠木健・阿久津聡（2006）「カテゴリー・マネジメント：脱コモディティ化の理論」『組織科学』Vol39, No.3, 4-18 頁
栗木契（2002）「ブランド力とは何か～ブランド・マネジメントのデザインのために～」『季刊マーケティングジャーナル』第 21 巻 4 号，12-27 頁
ケビン・レーン・ケラー（2000）『戦略的ブランド・マネジメント』東急エージェンシー（恩蔵直人・亀井明宏訳）
小島外弘（1986）『価格の心理』ダイヤモンド社
斉藤嘉一（2000）「考慮集合」『マーケティングジャーナル』第 20 号，81-88 頁
嶋口充輝（1986）『統合マーケティング―豊饒時代の市場志向経営―』日本経済新聞社，172-174 頁
白井美由里（2006）「消費者の価格プレミアムの近くの分析」『消費者行動研究』第 12 巻第 1・2 号，37-52 頁
杉本徹雄（1993）「ブランド志向の態度構造分析」『広告科学』第 27 号，101-105 頁
玉置悦子（2012）「食品安全性をめぐる消費者意識の実証研究―主成分分析によるアプローチ―」『総合政策論叢』第 22 号，57-83 頁
農林水産省（2015）「食料・農業・農村白書」
山下一仁（2011）「自由貿易が日本農業を救う―「TPP で農業は壊滅」しない―」『農業と経済』2011 年 5 月号
和田充夫（2002）『ブランド価値共創』同文館出版，11 頁

＜第 3 章第 2 節＞
東条弘基（2013）「世界市場を目指す日本食品産業」三井物産戦略研究所
農林水産省「畜産物生産費統計」
細野有希・井上光太郎（2012）「日本初グローバル食品産業のデザイン：背景と道筋」（新井ゆたか（編著）（2012）「食品企業 飛躍の鍵：グローバル化への挑戦」第 4 章）ぎょうせい
みずほコーポレート銀行産業調査部（2010）「国際的に見たわが国食品産業の実態と今後の戦略」

＜第 3 章第 3 節＞
乙政正太（2014）「財務諸表分析（第 2 版）」同文館出版
経済産業省「工業統計調査」
千野珠衣（2011）「製造業誘致の地方雇用創出に対する有効性は低下したのか」みずほ総研論集 2011 年 II 号

＜第 3 章第 4 節＞
消費者庁（2015a）「食品の新たな機能性表示制度に関する検討会」
消費者庁（2015b）「機能性表示食品の届出等に関するガイドライン」
内閣府規制改革会議（2013）「第 3 回保健・医療 WG【資料 2－2】数字で見る健康食品市場の推移」

＜第 4 章第 2 節＞
岡本大作（2009）「AFC Forum」『まちづくり・むらづくり　高機能タマネギ「サラサラレッド」』JFC
岡本大作（2010）「機能性食品の展望　―新技術食品研究会から学んだこと―」『高機能タマネギ「さ

らさらレッド」〜開発と特産化への取り組み』UBM メディア
岡本大作（2015）「野菜の産地化戦略」栗山町（(有)植物育種研究所）—高機能タマネギ「さらさらレッド」
日本経済新聞 2013 年 12 月 5 日「三井物産，栄養成分高い機能性野菜販売　植物育種研と組み開発」
農林水産省・食料産業局（2014）「戦略的知的財産活用マニュアル」
農林水産省（2013）「農林水産物による健康の維持増進のための技術開発」
北海道新聞 2014 年 7 月 23 日「健康タマネギ　北見で量産」

＜第 4 章第 3 節＞
川崎通夫（2010）「ヤムイモ」『作物学用語辞典』農文協，270-271 頁
鈴木愛徳（1980）「ナガイモ特産地の形成と普及活動」『技術と普及』17，99-103 頁
農林水産省「作物統計調査」
平尾陸郎（1974）「ながいも普通栽培」『農業技術体系（野菜編）』農文協，59-80 頁
北海道「2014 十勝の農業」

＜第 4 章第 4 節＞
Porter, M.（1998）On Competition, Harvard Business School press.（竹内弘高訳（1999）『競争戦略論 II』ダイヤモンド社）
今野聖士・飯沢理一郎（2009）「必要から生まれた江別市の産学官・農商工連携」『農業と経済』2009 年 1・2 月合併号，62-66 頁
江別市（2004）「広報えべつ」2-5 頁
尾関幸男・佐々木宏・天野洋一・土屋俊雄・前野眞司・上野賢司（1988）「春播小麦新品種「ハルユタカ」の育成について」『北海道立農試集報』第 54 号，41-54 頁
玉井邦佳・飯澤理一郎（2002）「道産小麦の需給動向と需要開拓に関する一考察—北海道中小製粉 A 製粉（株）を事例として—」『北海道大学農経論叢』第 58 号，145-155 頁
中村光次・清水徹朗（2000）「小麦制度改革と製粉業の課題—新制度への対応が迫られる小麦産業—」『農林金融』9 月号，32-47 頁
日本経済新聞社編（1975）『消費者は変わった"買わない時代"の販売戦略』日本経済新聞社
前野眞司（2000）「ユーザーに大人気，超多収品種「ハルユタカ」も穂発芽には勝てず」『北海道小麦今昔物語—北海道の小麦アラカルト 100 余年—』ホクレン農業事業本部　農産部麦類課，93-95 頁
矢吹雄平・平松ゆかり（2010）「農商工連携におけるネットワーカーとしての自治体の限界と"川中企業"の可能性—江別市：江別小麦めんの事例を通して—」『岡山大学経済学会雑誌』第 42 巻第 1 号，25-42 頁
渡久地朝央（2010）「国内製粉業の変遷と中小製粉会社の動向」『商学討究』第 60 巻第 4 号，143-158 頁

＜第 4 章第 5 節＞
特許庁（2014）「知的財産権活用企業事例集 2014」
第 11 回米国癌統合医療学会（SIO2014）Evaluation of active hexose correlated compound（AHCC）for the eradication of HPV infections in woman with HPV positive pap smears（HPV 細胞診検査において陽性であった女性における AHCC の HPV 感染消失効果の評価）

＜第 4 章第 6 節＞
一般財団法人全国豆腐連合会（2014）「豆腐読本」
とうふプロジェクトジャパン株式会社（2014）「豆腐マイスター認定講座ノートテキスト」

(以下，引用特許リスト)
[1] 特開昭 60-248148
[2] 特開昭 61-88849
[3] 特許 2908633（特開平 05-304923）
[4] 特許 2912249（特開平 10-057002）
[5] 特許 3126673（特開平 10-179072）
[6] 特許 3683731（特開 2000-217533）
[7] 特開 2005-130803
[8] 特許 4391332（特開 2006-006183）
[9] 特許 5236421（特開 2010-094066）
[10] 特開 2014-117160
[11] 特開 2015-100280
[12] 特許 3516298（特開 2000-270800）
[13] 特開 2006-094831
[14] 特許 4105674（特開 2006-101848）
[15] 特開 2008-061542
[16] 特許 4801006（特開 2008-295381）
[17] 特開 2015-050970
[18] 特開 2015-002697

<第4章第7節>
大矢祐治（1997）「食品産業における中小企業近代化促進政策の展開と意義—しょうゆ製造業を中心として—」筑波書房
栃倉辰六郎（1994）「増補醤油の科学と技術」日本醸造協会
日本経済通信社調査出版部（2005）「酒類食品の生産・販売シェア—需給の動向と価格変動—」日本経済通信社
伏木亨（2014）「グローバルなうま味とローカルなダシ」『日本味と匂学会誌』Vol.21, No.2, 137-141 頁

<第4章第8節>
大澤俊彦・木村修一・古谷野哲夫・佐藤清隆（2015）チョコレートの科学，朝倉書店
帯広市（2003）『帯広市史（平成 15 年編）』帯広市
ソフィー・D・コウ，マイケル・D・コウ（1990）『チョコレートの歴史』メディアファクトリー
日経ビジネス（2006）「戦略フォーカス　地場力で稼ぐ（最終回）六花亭グループ（菓子製造販売，北海道）人材力"おやつ"に集結」1330, 74-76 頁
北海道新聞帯広支社報道部（2002）『お菓子のくに　帯広・十勝』北海道新聞社
北海道新聞社（1985）「菓子・友・出会い」，『私のなかの歴史 5』北海道新聞社，237-260 頁
六花亭製菓株式会社（1993）『一生青春一生勉強』六花亭製菓株式会社

<第4章第9節>
西平順（2011）「食材の臨床試験とその拠点作り」マテリアルインテグレーション，Vol.24 No.07, 36-38 頁
西平順（2012）「食の知の拠点健康情報科学研究センター」FOOD STYLE Vol.16 No.1, 26-29 頁
西平順（2013）「地域が支える機能性食品の臨床研究～予防医療への展開～」グリーンテクノ情報，Vol.8 No.4, 2-6 頁

樋渡一之（2012）「あきた食品トライアルネット」の設立とその運用．FOOD STYLE 21．Vol.16 No.9，23-25 頁

＜第 5 章＞
Wageningen UR（2010）2011 Annual Report
Wageningen UR（2010）Strategic Plan 2011-2014
金間大介（2013）「オランダ・フードバレーの取り組みとワーヘニンゲン大学の役割」文部科学省科学技術・学術政策研究所，科学技術動向 2013 年 7 月号，25-30 頁
高林昭浩（2014）「乳酸菌による『免疫機能』調整作用と『ピロリ菌』抑制作用」全国発酵乳乳酸菌飲料協会
堀千珠（2010）「クラスターへの取り組みによる我が国食品製造業の競争力強化」Mizuho Industry Focus，Vol. 88
メンスィンク・アナマリ・ヌラ（2011）「小国オランダが世界の食・農業をリードする」農業経営者
森本茂雄・坪田高樹・安藤健（2010）「欧州連合とコンソーシアム Imec のイノベーション推進策：Imec および欧州テクノロジープラットフォームについて」産学官連携ジャーナル 2010 年 9 月号
結城正明（2007）「都市型健康・ソフトバイオ産業クラスター形成の戦略に関する研究：バイオ技術の応用とソフトなサービス産業との融合」創造都市研究 e，Vol.2, 1-23 頁

＜第 6 章＞
Kotler, P. and Pfoertsch, W.（2010）Ingredient branding: Making the invisible visible, Springer; Berlin.（フィリップ・コトラー，ヴァルデマール・フェルチ著，杉光一成訳「コトラーのイノベーション・ブランド戦略：ものづくり企業のための要素技術の『見える化』」白桃書房，2014）
Kotler, P. and Pfoertsch, W.（2006）B2B Brand Management, Heidelberg; New York.
Wesley M. Cohen, Richard R. Nelson, John P. Walsh, Protecting Their Intellectual Assets: Appropriability Conditions and Why U.S. Manufacturing Firms Patent (or Not) NBER Working Paper No. 7552.
入山章栄（2014）「第 2 回 SCP 理論：ポーター戦略の根底にあるものは何か」ハーバード・ビジネス・レビュー 2014 年 10 月号，ダイヤモンド社
NPO 法人産学連携推進機構（2014）「医食農連携グランドデザイン策定調査報告書」
小川紘一（2011）「オープン＆クローズ戦略 日本企業再興の条件」翔泳社
生源寺眞一（2011）「日本農業の真実」筑摩書房
ジェイ・B・バーニー，岡田正大訳（2003）『企業戦略論【上】基本編 競争優位の構築と持続』ダイヤモンド社，第 5 章 企業の強みと弱み：リソース・ベースド・ビュー
妹尾堅一郎（2014）「農産物の機能性等に関わる農林水産技術を活かした事業・産業を形成するために必要とされるビジネスモデル，ならびにその産業形成を促進・支援する政策の在り方に関する調査研究」農林水産政策研究所レビュー No.60
妹尾堅一郎（2014）「知財権（特許）主導から知財マネジメント主導へ：知財マネジメントの新定義と新構成の提案」日本知財学会発表予稿集
妹尾堅一郎・久保恵美・斎藤君枝（2014）「食品産業における『オープン＆クローズ戦略』の可能性：林原の事例に見るビジネスモデルと知財マネジメントへの示唆」第 12 回日本知財学会年次学術大会予稿集 2G5
妹尾堅一郎（2015）「モノとサービスの 3 つの関係・7 つのモデル：製造業のサービス化に関する考察」研究・技術計画学会第 30 回年次学術大会

《著者紹介》

**遠藤雄一**（ENDO, Yuichi）担当：第3章第1節，第4章第4節
　　北海道情報大学　経営情報学部　専任講師

**奥村昌子**（OKUMURA, Shoko）担当：第3章第4節，第4章第9節
　　北海道情報大学　医療情報学部　准教授

**岡本大作**（OKAMOTO, Daisaku）担当：第4章第2節
　　有限会社植物育種研究所　代表取締役

**瀬戸口友紀**（SETOGUCHI, Tomoki）担当：第4章第2節
　　東京農業大学　国際食料情報学部　国際バイオビジネス学科

**河野洋一**（KAWANO, Yoichi）担当：第4章第3節・7節・8節
　　帯広畜産大学　地域環境学研究部門　助教

**貴戸武利**（KIDO, Taketoshi）担当：第4章第6節
　　有限会社中田食品　代表取締役

**西平　順**（NISHIHIRA, Jun）担当：第4章第9節
　　北海道情報大学　医療情報学部　教授

《編著者紹介》
金間大介（KANAMA, Daisuke）担当：第1章，第2章，第3章第2節・
　　　　　　　　　　　　　　　　　3節，第4章第1節・2節・5節，
　　　　　　　　　　　　　　　　　第5章，第6章，第7章

東京農業大学　国際食料情報学部　准教授
横浜国立大学大学院 物理情報工学専攻博士課程修了（博士（工学））。アメリカ・バージニア工科大学大学院客員研究員，文部科学省 科学技術・学術政策研究所研究員，北海道情報大学准教授を経て，2015年4月より現職。研究・イノベーション学会編集委員・評議委員，日本知財学会事務局員，組織学会員，フードシステム学会員。主な著書に「モチベーションの科学：知識創造性の高め方」（創成社），「知的財産イノベーション研究の展望」（白桃書房）（共著），「技術予測：未来を展望する方法論」（大学教育出版）など。

（検印省略）

2016年10月20日　初版発行　　　　　　　　　略称―食品産業

# 食品産業のイノベーションモデル
―高付加価値化と収益化による地方創生―

　　　　　　　編著者　金　間　大　介
　　　　　　　発行者　塚　田　尚　寛

発行所　東京都文京区　　株式会社　創成社
　　　　春日2-13-1
　　　　電　話　03（3868）3867　　FAX 03（5802）6802
　　　　出版部　03（3868）3857　　FAX 03（5802）6801
　　　　http://www.books-sosei.com　振　替　00150-9-191261

定価はカバーに表示してあります。

©2016 Daisuke Kanama　　組版：ワードトップ　印刷：エーヴィスシステムズ
ISBN978-4-7944-2487-7　C3034　製本：宮製本所
Printed in Japan　　　　　　落丁・乱丁本はお取り替えいたします。

―――― 経 営 選 書 ――――

|  |  |  |  |
|---|---|---|---|
| 食品産業のイノベーションモデル<br>―高付加価値化と収益化による地方創生― | 金間 大介 | 編著 | 2,000円 |
| モチベーションの科学<br>― 知識創造性の高め方 ― | 金間 大介 | 著 | 2,600円 |
| 働く人のためのエンプロイアビリティ | 山本 寛 | 著 | 3,400円 |
| 転職とキャリアの研究<br>―組織間キャリア発達の観点から― | 山本 寛 | 著 | 3,200円 |
| 昇進の研究<br>―キャリア・プラトー現象の観点から― | 山本 寛 | 著 | 3,200円 |
| 大学発バイオベンチャー成功の条件<br>―「鶴岡の奇蹟」と地域 Eco-system ― | 大滝 義博<br>西澤 昭夫 | 編著 | 2,300円 |
| おもてなしの経営学［実践編］<br>―宮城のおかみが語るサービス経営の極意― | 東北学院大学経営学部<br>おもてなし研究チーム<br>みやぎ おかみ会 | 編著<br>協力 | 1,600円 |
| おもてなしの経営学［理論編］<br>―旅館経営への複合的アプローチ― | 東北学院大学経営学部<br>おもてなし研究チーム | 著 | 1,600円 |
| おもてなしの経営学［震災編］<br>―東日本大震災下で輝いたおもてなしの心― | 東北学院大学経営学部<br>おもてなし研究チーム<br>みやぎ おかみ会 | 編著<br>協力 | 1,600円 |
| スマホ時代のモバイル・ビジネスと<br>プラットフォーム戦略 | 東 邦仁虎 | 編著 | 2,800円 |
| テキスト経営・人事入門 | 宮下 清 | 著 | 2,400円 |
| 現代生産マネジメント<br>―TPS（トヨタ生産方式）を中心として― | 伊藤 賢次 | 著 | 2,000円 |
| イノベーションと組織 | 首藤 禎史<br>伊藤 友章<br>平安山 英成 | 訳 | 2,400円 |
| 経営情報システムとビジネスプロセス管理 | 大場 允晶<br>藤川 裕晃 | 編著 | 2,500円 |
| グローバル経営リスク管理論<br>―ポリティカル・リスクおよび異文化<br>　　ビジネス・トラブルとその回避戦略― | 大泉 常長 | 著 | 2,400円 |

（本体価格）

―――― 創 成 社 ――――